W9-ACN-928

La vida interior de los animales

PETER WOHLLEBEN

La vida interior
de los animales

**Amor, duelo, compasión:
asombrosas miradas a un mundo oculto**

EDICIONES OBELISCO

Si este libro le ha interesado y desea que le mantengamos informado
de nuestras publicaciones, escríbanos indicándonos qué temas son de su interés
(Astrología, Autoayuda, Ciencias Ocultas, Artes Marciales, Naturismo, Espiritualidad,
Tradición…) y gustosamente le complaceremos.

Puede consultar nuestro catálogo en www.edicionesobelisco.com.

Colección Espiritualidad y Vida interior
LA VIDA INTERIOR DE LOS ANIMALES
Peter Wohlleben

1.ª edición: octubre de 2017

Título original: *Das Seelenleben der Tiere*

Traducción: *Marta Torent López de la Madrid*
Corrección: *Sara Moreno*
Diseño de cubierta: *Enrique Iborra*

© 2015 de Ludwig Verlag, Munich,
división del grupo editorial Random House GmbH, Alemania.
Título negociado a través de Ute Körner Lit. Ag. S.L.U.,
Barcelona, España, www.uklitag.com
(Reservados todos los derechos)
© 2017, Ediciones Obelisco, S. L.
(Reservados los derechos para la presente edición)

Edita: Ediciones Obelisco, S. L.
Collita, 23-25. Pol. Ind. Molí de la Bastida
08191 Rubí - Barcelona - España
Tel. 93 309 85 25 - Fax 93 309 85 23
E-mail: info@edicionesobelisco.com

ISBN: 978-84-9111-275-4
Depósito Legal: B-20.746-2017

Printed in Spain

Impreso en España en los talleres gráficos de Romanyà/Valls S. A.
Verdaguer, 1 - 08786 Capellades (Barcelona)

Agradecimientos

U n inmenso agradecimiento para mi mujer, Miriam, que también en esta ocasión ha trabajado reiteradas veces en mi manuscrito inacabado y ha revisado críticamente las ideas llevadas al papel.

Mis hijos, Carina y Tobias, me han refrescado la memoria cada vez que me ponía a cavilar frente a la pantalla en blanco y no se me ocurría absolutamente ninguna de las abundantes anécdotas; ¡gracias, queridos!

El equipo de Ludwig Verlag había desarrollado previamente el concepto (sí, cruzaban mi mente tantas ideas que se podrían haber hecho tres libros con ellas) para esbozar una imagen temáticamente coherente de los animales; ¡gracias! El último toque se lo dio al texto Angelika Lieke, que me indicó repeticiones, oraciones ilógicas y escollos, mejorando así una vez más la legibilidad.

No quisiera dejarme a mi agente, Lars Schultze-Kossack, que contactó con la editorial y me dio constantes ánimos cuando albergaba dudas, si es que eso es posible (como en el libro *La vida secreta de los árboles,* en el que también me sentía muy inseguro).

Y, en particular, quisiera dar las gracias a Maxi, Schwänli, Vito, Zipy, Bridgi y el resto de ayudantes cuadrúpedos y de dos alas, que me dejaron formar parte de su vida plena y, al fin y al cabo, me contaron todas las historias que he podido traducir para ti, querido lector y querida lectora.

Prólogo

¡Gallos que engañan a sus gallinas? ¿Ciervas que están de luto? ¿Caballos que sienten vergüenza? Hasta hace un par de años, todo esto sonaba aún a fantasía, a ilusión de los amantes de los animales, que querían sentirse más cerca, si cabe, de sus protegidos. A mí también me pasaba lo mismo, porque los animales me han acompañado a lo largo de toda mi vida. Tanto el polluelo de casa de mis padres, que me eligió como mamá, como nuestras cabras de la casa del guardabosques, que con sus alegres balidos enriquecen nuestro día a día, o los animales del bosque, con los que me topo durante mis paseos diarios por el territorio: siempre me pregunto en qué pensarán. ¿Será efectivamente cierto, tal como la ciencia afirmó en su momento, que sólo los seres humanos disfrutamos de la paleta de sentimientos en toda su extensión? ¿Es posible que la creación haya trazado especialmente para nosotros un camino biológico especial que nos garantice en exclusividad una vida consciente y plena?

De ser así, este libro acabaría aquí mismo. Puesto que si el ser humano fuese algo excepcional en cuanto a construcción biológica, no podría compararse con otras especies. La compasión hacia los animales carecería de sentido, porque no seríamos capaces ni de atisbar en qué piensan. Pero, afortunadamente, la naturaleza se ha decantado por la variante económica. La evolución «sólo» ha remodelado y modificado en cada caso lo existente como si de un sistema informático se tratara. Así pues, de igual modo que en el Windows 10 aún operan funciones de la versión anterior, las programaciones genéticas de nuestros antepasados también actúan en nosotros y en todas las demás especies cuyo árbol genealógico se haya ido ramificando a lo largo de millones de años a partir de esta línea. Por eso no concibo dos formas distintas de duelo, dolor o amor. Sin duda, parecerá osado decir que un cerdo siente como nosotros, pero las probabilidades de que una herida le produzca menos sensaciones desagradables que a nosotros son prácticamente nulas. «¡Eh! –puede que exclamen los científicos–, que eso no se ha demostrado». Cierto, ni se podrá demostrar jamás. Que tú sientas lo mismo que yo tampoco es más que una teoría. Nadie puede estar en el pellejo de otra persona ni demostrar que, por ejemplo, un pinchazo produce una sensación idéntica en los 7000 millones de habitantes de la tierra. Los seres humanos al menos pueden verbalizar sus sentimientos, y el resultado de esos mensajes incrementa la probabilidad de que el plano emocional de todos ellos sea similar.

Así pues, nuestra perra Maxi, que se zampó en la cocina un cuenco lleno de albóndigas de pan y luego puso cara de no haber roto un plato, no era una máquina de devorar biológica, sino una pilla astuta y encantadora. Cuanto más a menudo y más de cerca observaba, más emociones que se suponen exclusivamente humanas descubría en nuestras mascotas y sus parientes salvajes del bosque. Y en eso no estoy solo. Cada vez más investigadores llegan a la conclusión de que muchas especies animales tienen cosas en común con nosotros. ¿Amor verdadero entre cuervos? Se da por seguro. ¿Ardillas que saben cómo se llaman sus familiares? Hace tiempo que se documentó. Se mire donde se mire, se ama, hay compasión y se celebra la vida. Con el paso del tiempo han ido apareciendo gran cantidad de trabajos científicos sobre este tema, que, sin embargo, en cada caso no tratan más que insignificantes aspectos parciales y que acostumbran a ser tan áridos que a duras penas ofrecen una lectura amena, y menos aún una mayor comprensión. Por eso me encantaría ser tu intérprete, traducirte los apasionantes resultados a un lenguaje coloquial, juntar las piececillas del puzle para conformar una visión de conjunto y salpimentarlo todo con observaciones propias. Todo eso junto arroja una imagen de la fauna que nos rodea, que convierte los tipos de biorrobots apáticos descritos, impulsados por un código genético fijo, en almas fieles y diablillos encantadores. Y es que eso es lo que son, como puedes comprobar dando un paseo por mi territorio, entre nuestras cabras, nuestros caballos y conejos, pero también en los parques y bosques de tu propia casa. ¿Me acompañas?

Amor maternal hasta desfallecer

Era un caluroso día de verano del año 1996. Para refrescarnos, mi mujer y yo habíamos colocado la piscina hinchable en el jardín, debajo de un árbol umbroso. Estaba allí sentado, en el agua, con mis dos hijos, saboreando unas jugosas rajas de sandía. De repente, percibí movimiento por el rabillo del ojo. Un algo de color tostado brincaba en nuestra dirección, y entre brinco y brinco se detenía brevemente. «¡Una ardilla!», exclamaron los niños emocionados. Sin embargo, mi alegría dio rápidamente paso a una profunda preocupación, ya que a los pocos pasos la ardilla se caía hacia un lado.

Era evidente que estaba enferma, y tras varios pasos más (¡en nuestra dirección!) advertí un gran tumor en su cuello. De manera que estábamos a todas luces ante un animal dolorido, puede que hasta sumamente contagioso; y se dirigía, despacio pero seguro, hacia la piscina. Me disponía a batirme en retirada con los niños cuando la situación desembocó en una conmovedora escena: la úlcera resultó ser un bebé aferrado cual estola de piel al cuello de la madre. Por eso la ardilla se estaba asfixiando, y el aliento, sumado al calor sofocante, no le alcanzaba más que para unos pocos pasos antes de caer exhausta, jadeando.

Las madres ardillas cuidan con abnegación de sus crías. En caso de peligro, ponen a salvo a sus cachorros llevándolos de la manera descrita. Se dejan realmente la piel en ello, ya que en función de la camada pueden transportarse hasta seis crías colgadas del cuello, una detrás de otra. Pese a este celo, la tasa de supervivencia de los pequeños no es elevada, alrededor del 80 por 100 no sobrevive a su primer año. Por ejemplo, a causa de las noches: mientras que los duendes rojos son capaces de escapar de la mayoría de los enemigos diurnos, la muerte viene con el sueño. Entonces las martas se escurren por las ramas de los árboles y sorprenden a los animales en sueños. Cuando sale el sol, son los azores los que se apresuran con un osado vuelo entre los troncos, en busca de una deliciosa comida. Si una ardilla es atisbada, empieza la espiral de miedo; en sentido literal. Porque la ardilla intenta huir del ave, desapareciendo por el otro lado del tronco del árbol. El azor hace un giro abrupto y sigue a su presa. La ardilla lo esquiva dando más vueltas veloces al tronco, el ave la sigue, con lo que se inicia un vertiginoso movimiento en espiral de ambos animales alrededor del tronco. Ganará el más rápido de los dos, que casi siempre es el pequeño mamífero.

Pero mucho peor que cualquier enemigo animal es el invierno. Para llegar bien equipadas a la estación fría, las ardillas construyen nidos. Son nidos esféricos dispuestos en el ramaje de las copas de los árboles. A fin de poder huir de desagradables invitados sorpresa, los animales moldean con sus patas dos salidas. La estructura básica del nido se compone de muchas ramas pequeñas, dentro la vivienda se tapiza con musgo blando, lo que hace de aislamiento térmico y es cómodo. ¿Cómodo? Sí, también los animales dan importancia al confort. Unas ramas que al dormir se clavan en la espalda son tan desagradables para las ardillas como para nosotros. Un colchón de musgo mullido garantiza, en cambio, un sueño plácido.

Desde la ventana de mi despacho observo con frecuencia cómo las hierbas suaves son arrancadas de nuestro césped y transportadas a lo alto de los árboles. Y observo también otra cosa: nada más caer las bellotas y los hayucos de los árboles en otoño, los animalillos recolectan las nutritivas semillas y las entierran en el suelo unos metros más allá, donde en invierno se usan de reserva. Y es que las ardillas no hibernan exactamente, sino que, en general, pasan los días dormitando en un letargo invernal durante el cual el cuerpo consume poca energía, pero no tan poca como en el caso del erizo, por ejemplo. El esciúrido se despierta a cada rato y con hambre. Baja apresuradamente por el árbol y busca uno de los escondites donde tiene alimento. Busca, busca y busca. A primera vista, resulta gracioso ver cómo el animalillo intenta hacer memoria. Cava un poco por aquí, hurga otro poco por allí, y en el ínterin se vuelve a incorporar, como si se parara a pensar. Claro que también es dificilísimo: visualmente, el paisaje ha cambiado bastante desde los días otoñales. Los árboles y arbustos han perdido su follaje, la hierba está seca y, para colmo, la nieve normalmente ha cubierto todo con un enmascarador algodón blanco. Y mientras la desesperada ardilla sigue buscando, yo siento lástima. Porque ahora la naturaleza está haciendo una criba sin piedad y gran parte de los olvidadizos esciúridos, la mayoría de las crías de este año, no sobrevivirá a la próxima primavera porque morirá de hambre. Luego, en los antiguos hayedos encuentro a veces pequeños manojos de hayas brotando. Estos brotes parecen mariposas posadas en pequeños tallos y generalmente escasean. Son manojos que sólo aparecen donde la ardilla ha dejado de rebuscar —a menudo por descuido—, con las fatales consecuencias descritas para el animal.

Sin embargo, la ardilla también es para mí un magnífico ejemplo de cómo categorizamos la fauna. Es muy mona, con esos ojitos redondos, tiene un suave y agradable pelo de color rojizo (también las hay marrones y negras) y no supone amenaza alguna para los humanos. De las despensas de bellotas olvidadas brotan árboles jóvenes en primavera, de manera que incluso puede considerarse una fundadora de nuevos bosques. En suma, la ardilla es un personaje verdaderamente simpático. Así obviamos tranquilamente cuál es su alimento predilecto: los polluelos. Porque también esas embestidas las observo desde la ventana del despacho de la casa del guardabosques. Cuando en primavera una ardilla trepa tronco arriba, se genera un gran revuelo en la pequeña colonia de zorzales reales que al llegar la estación incuba en los viejos pinos. Graznan y emiten sonidos secos revoloteando alrededor de los árboles e intentan echar al intruso. Las ardillas son sus enemigos mortales, ya que sin inmutarse apresan, uno detrás de otro, polluelos recubiertos de pelusa. Los propios nidos constituyen un refugio limitado para los pequeños, ya que con sus patitas menudas, galoneadas con garras largas y afiladas, las ardillas capturan también de los árboles huecos las aves anidadas y presuntamente bien guarecidas.

¿Son las ardillas más malas que buenas? Pues ni lo uno ni lo otro. Un capricho de la naturaleza ha llevado a que sacudan nuestro instinto de protección, suscitando así emociones positivas. Eso no tiene nada que ver con lo bueno ni lo útil. La otra cara de la moneda, la matanza de nuestros también queridos pájaros cantores, tampoco es mala. Los animales tienen hambre y han de alimentar asimismo a las crías, que dependen de la nutritiva leche materna. Si las ardillas satisficieran su necesidad proteica con orugas de la mariposa de la col, estaríamos entusiasmados. En ese caso, nuestra balanza emocional se inclinaría 100 por 100 positivamente, porque los insectos son un estorbo para nuestros cultivos de hortalizas. Pero las orugas de la mariposa de la col también son crías, en este caso de mariposa. Y sólo porque dé la casualidad de que a su vez les gusten las mismas plantas que hemos destinado a nuestra alimentación, la matanza de bebés mariposa no es ni mucho menos beneficiosa para la naturaleza.

A las ardillas no les interesa lo más mínimo nuestra categorización. Tienen suficiente con sustentarse a sí mismas y a su especie en la naturaleza y al mismo tiempo lograr básicamente una cosa: divertirse en esta vida. Pero volvamos al amor maternal del duende rojo: ¿de verdad es capaz de sentir algo así? ¿Un amor tan intenso como para supeditar su propia vida a la de su cría? ¿No es un mero subidón hormonal que corre por sus venas y conduce a un cuidado preprogramado? La ciencia tiende a reducir semejantes procesos biológicos a mecanismos inevitables. Y antes de meter a la ardilla y demás especies en semejante compartimento un tanto objetivo, echemos un vistazo al amor maternal humano. ¿Qué sucede en los cuerpos de las madres cuando sostienen un bebé en brazos? ¿Es innato el amor maternal? La respuesta de la ciencia es: sí pero no. Ese amor no es innato, sino únicamente las condiciones para desarrollarlo. Poco antes del parto se segrega una hormona, la oxitocina, que permite esos fuertes lazos. Además, se liberan grandes cantidades de endorfinas, que producen un efecto analgésico y ansiolítico. Este cóctel hormonal está en la sangre también después del parto y por eso el bebé es recibido por una madre totalmente relajada y positiva. La lactancia continúa estimulando la producción de oxitocina, y el vínculo madre-hijo se fortalece. Algo parecido sucede con muchas especies animales, también con las cabras que mi familia y yo tenemos en nuestra casa del guardabosques (y que, dicho sea de paso, también producen oxitocina). En su caso, empiezan a conocer a los cabritos lamiendo el líquido mucoso expulsado en el parto. Este procedimiento afianza el vínculo, además de que la madre bala con afecto y recibe una respuesta aguda y débil de sus crías, con lo que memorizan sus voces.

Pero ¡ay, si el procedimiento del líquido mucoso no se hace bien! Para alumbrar metemos a los animales de nuestro pequeño rebaño en un box individual, para que puedan parir con calma. La puerta de este box tiene una pequeña ranura sobre el suelo, y por ella se escurrió un cabrito especialmente menudo durante un parto. Hasta que nos dimos cuenta del percance, transcurrió un tiempo valioso en el que la mucosa se secó. En consecuencia, la cabra, pese a todos los intentos, ya no aceptó a su cabrito, por lo que el amor maternal no pudo manifestarse. Con los humanos suele ocurrir algo similar: si después del parto los bebés pasan mucho tiempo en los hospitales separados de sus madres, aumenta la probabilidad de que el amor maternal no surja. Desde luego, no con la gravedad y el dramatismo de las cabras, puesto que los seres humanos son capaces de desarrollar amor maternal y no dependen únicamente de las hormonas; de lo contrario, no serían viables las adopciones en las que madres e hijos que no se conocen de nada no acostumbran a verse hasta años después de haber nacido.

Por eso, las adopciones son el mejor planteamiento para comprobar si el amor maternal se puede aprender y no es sólo un reflejo instintivo. Pero antes de ahondar en esta cuestión, quisiera analizar la calidad de los instintos.

Instintos: ¿Sentimientos inferiores?

A menudo oigo que las comparaciones de sentimientos animales con los de seres humanos no son pertinentes, porque, a fin de cuentas, los animales siempre actúan y sienten instintivamente; nosotros, en cambio, lo hacemos de manera consciente. Antes de que abordemos la cuestión de si la actuación por instinto es un tanto inferior, veamos primero qué son realmente los instintos. Con este término, la ciencia engloba las acciones que tienen lugar de forma inconsciente, es decir, que no están sujetas a proceso mental alguno. Pueden determinarse genéticamente o aprenderse; todas ellas tienen en común que se desarrollan muy deprisa, porque sortean los procesos cognitivos del cerebro. Suele haber hormonas que se segregan por motivos concretos (por ejemplo, un enfado) y luego provocan reacciones físicas. Así pues, ¿son los animales unos biorrobots controlados automáticamente? Antes de emitir un juicio precipitado, deberíamos observar nuestra propia especie. Tampoco nosotros estamos exentos de acciones instintivas, todo lo contrario. Piensa, por ejemplo, en una cocina eléctrica caliente. Si pones la mano encima accidentalmente, la retirarás a la velocidad del rayo. No hay ninguna reflexión consciente previa del tipo: «No sé, pero huele mal, como a carne a la parrilla, y de repente me duele mucho la mano. Será mejor que la retire». No, todo eso pasa de manera totalmente automática y sin decisión alguna consciente. Así pues, también hay instintos en los seres humanos; el quid de la cuestión es hasta qué punto determinan nuestro día a día.

Para arrojar un poco de luz en la oscuridad, deberíamos abordar las investigaciones cerebrales recientes. El Instituto Max Planck de Leipzig publicó algo asombroso en un estudio del año 2008. Con ayuda de la tomografía por resonancia magnética, que plasma las actividades cerebrales por ordenador, unos sujetos experimentales fueron objeto de estudio durante una toma de decisión (pulsar un botón con la mano izquierda o la derecha). Hasta los siete segundos, antes de que los sujetos de prueba se decantaran de forma consciente, a través de la actividad cerebral se vio de lejos a qué conclusión llegarían. Así pues, la acción ya se había iniciado cuando los sujetos aún estaban decidiéndose. Por lo tanto, no fue la conciencia, sino el subconsciente lo que provocó el impulso de la acción. La conciencia, como quien dice, aportó la explicación unos cuantos segundos después.

Como la investigación de semejantes procesos es muy incipiente, no puede afirmarse aún qué porcentaje y qué tipo de decisiones de esta naturaleza operan, y si también somos capaces de oponer resistencia a los procesos determinados por el subconsciente. Es bastante asombroso, de todos modos, que el llamado libre albedrío vaya en muchos casos a la zaga de la realidad. En el fondo, no supone más que un pretexto para nuestro ego sensible, que así se reafirma en todo momento como dueño absoluto de la situación.[1]

En muchos casos, por lo tanto, se impone lo contrario, nuestro subconsciente. En definitiva, da igual cuánto regule nuestra razón, ya que la proporción probable y sorprendentemente elevada de reacciones instintivas demuestra que la experimentación del miedo, el duelo, la alegría y la felicidad no se ve empañada por el desencadenamiento instintivo, sino que simplemente deja de iniciarse de manera activa.

---

1. Simon, N.: «Freier Wille – eine Illusion?», stern.de, 14-04-2008, www.stern.de/wissenschaft/mensch/617174.html, consultado el 29-10-2015.

Eso no menoscaba ni mucho menos la intensidad de los sentimientos. Porque a estas alturas está claro que las emociones son el lenguaje del subconsciente, el cual nos ayuda a diario a no perdernos en una avalancha de información. El dolor de la mano sobre la placa caliente te permite actuar sin dilación. Los sentimientos de felicidad aumentan las acciones positivas, el miedo te librará de tomar una decisión racional que podría ser peligrosa. Tan sólo los contados problemas que verdaderamente pueden y deben solucionarse mediante la reflexión penetran en nuestra conciencia, donde se analizan con calma.

Así pues, los sentimientos están, en principio, asociados al subconsciente, no a la conciencia. Si los animales no tuvieran conciencia, significaría básicamente que no son capaces de reflexionar; sin embargo, todas las especies cuentan con un subconsciente y, como éste ha de intervenir con contundencia, todo animal tiene necesariamente sentimientos también. Por consiguiente, el amor maternal instintivo no puede ser de ninguna manera inferior, porque la cosa es que no hay otra clase de amor maternal. La única diferencia entre animales y humanos es que nosotros podemos activar el amor maternal (y otros sentimientos) conscientemente –por ejemplo, en caso de adopción–. En tal caso no puede surgir un vínculo automático entre padres e hijo fruto de la coyuntura del parto, puesto que su primer contacto no suele producirse hasta mucho más adelante. Aun así, con el paso del tiempo aparece un amor maternal instintivo, incluido el consabido cóctel hormonal en la sangre.

Así pues, ¿habremos logrado al fin dar con un enclave emocional humano al que los animales no tienen acceso? Volvamos a echar un vistazo a nuestra ardilla. Los investigadores canadienses observaron durante más de veinte años a sus parientes del Yukón. Cerca de siete mil animales formaron parte del estudio, y aunque las ardillas son solitarias, se dieron hasta cinco casos de adopción. Por supuesto, siempre eran crías de ardillas con las que estaban emparentadas las que habían sido criadas por una madre ajena. Sólo adoptaron a sobrinas, sobrinos o nietos, con lo que el altruismo de las ardillas tenía unos límites claros. Cosa ventajosa desde un punto de vista puramente evolutivo, porque así pueden conservar y seguir transmitiendo una herencia genética muy similar.[2] De todos modos, cinco casos en veinte años no es precisamente una demostración concluyente de una actitud básicamente propensa a la adopción. Echemos un vistazo, pues, a otras especies.

¿Qué hay de los perros? En el año 2012, la hembra de bulldog francés Baby acaparó los titulares. Vivía en una perrera de Brandemburgo, adonde un buen día llevaron seis jabatos. Se daba por hecho que a la jabalina la habían matado unos cazadores, y las crías a rayas no hubieran tenido ninguna posibilidad de sobrevivir solas. En la perrera, los animales recibían leche grasa y amor. La leche salía de los biberones de los responsables del lugar, mientras que el amor y el calor salían de las crías. La bulldog adoptó sin dilación a la piara entera y dejó que durmiera acurrucada a su lado. Asimismo, de día vigilaba atentamente a la revoltosa camada.[3] ¿Se trata de una adopción en toda regla? Al fin y al cabo, los jabatos no fueron amamantados, pero tampoco sucede con los hijos adoptivos humanos. Fuera de eso, hay estudios de perros, como la perra cubana Yeti, que ha llegado a hacerlo. Dieron a todos sus cachorros menos a uno, con lo que el animal tenía mucha leche sobrante. Como en aquel momento en la granja había varios gorrinos, Yeti no dudó en adoptar catorce lechones, aunque sus madres aún vivieran. Seguían a su nueva mamá por la granja y, por encima de todo, eran amamantados.[4]

¿Fue una modalidad consciente de adopción o Yeti sólo rebosaba de sentimientos maternales que simplemente proyectaba en los lechones? Estas preguntas podríamos también plantearlas en el caso de las adopciones humanas, en las que los fuertes sentimientos propios buscan y consiguen un objetivo. La actitud de los perros y demás mascotas puede incluso compararse con las adopciones entre distintas especies ani-

---

2. www.mcgill.ca/newsroom/channels/news/squirrels-schow-softer-side-adopting-orphans-163790, consultado el 29-10-2015.

3. www.welt.de/vermischtes/kurioses/article13869594/Bulldogge-adoptiert-sechs-Wildschwein-Frischlinge.html, consultado el 30-10-2015.

4. www.spiegel.de/panorama/ungewoehnliche-mutterschaft-huendin-saeugt-14-ferkel-a-784291.html, consultado el 01-11-2015.

males, después de todo, en la sociedad humana algunos cuadrúpedos son acogidos casi como un miembro más de la familia.

Pero también hay otros casos en los que el excedente de hormonas o la leche sobrante no pueden ser el motor. La corneja Moses es un conmovedor ejemplo del que enseguida hablaré. Cuando los pájaros pierden su nidada, tienen por naturaleza otra oportunidad para canalizar sus instintos acumulados: pueden sencillamente volver a empezar de cero e incubar de nuevo. En particular, una corneja aislada como Moses no tiene, pues, ningún motivo para cuidar de otros animales. Pero es que, encima, Moses eligió un enemigo potencial: un gato doméstico. Hay que reconocer que el gatito era realmente pequeño y estaba, además, considerablemente desamparado, ya que por lo visto había perdido a su madre y llevaba mucho tiempo sin probar apenas bocado. El animal callejero apareció en el jardín de Ann y Wally Collito. Vivían en una casita al norte de Attleboro (Massachusetts) y desde entonces habían podido observar cosas asombrosas. Porque el gatito llevaba pegada una corneja que aparentemente protegía al cachorro. El pájaro alimentaba al pequeño huérfano con lombrices y escarabajos, y naturalmente los Collito no se quedaron mirando con los brazos cruzados y ayudaron al gato dándole pienso. La amistad entre la corneja y el gato doméstico se mantuvo incluso en la edad adulta, hasta que pasados cinco años el pájaro desapareció.[5]

Pero volvamos a los instintos. Que los sentimientos maternos surjan a través de semejantes órdenes del subconsciente o a través de reflexiones conscientes no supone, en mi opinión, diferencia cualitativa alguna. Después de todo, en ambos casos se sienten (!) exactamente igual. Está claro que en los humanos se dan las dos cosas, y seguramente los instintos generados por las hormonas sea la variante más habitual. Incluso cuando el amor materno animal no puede surgir de forma consciente (y la adopción de crías de otras especies debiera darnos

5. DeMelia, A.: «The tale of Cassie and Moses», *The Sun Chronicle*, 05-09-2011, www.thesunchronicle.com/news/the-tale-of-cassie-and-moses/article_e9d792d1-c55a-51cf-9739-9593d39a8ba2.html, consultado el 05-09-2011.

que pensar), el subconsciente permanece y es por lo menos igual de bonito e intenso. La ardilla que llevaba a su bebé al cuello por el resplandeciente césped ardiente, lo hizo desde un amor profundo, lo que *a posteriori* hace la experiencia aún más bonita, si cabe.

Del amor a los humanos

¿**P**ueden los animales querernos de verdad? En el episodio de la ardilla ya hemos visto lo difícil que es verificar este sentimiento de por sí incluso entre los animales de una especie. Pero ¿y el amor más allá de las fronteras entre especies y justamente hacia nosotros los humanos? En ese caso aflora la idea de que no es más que una ilusión, para que podamos sobrellevar mejor el hecho de mantener a nuestras mascotas en cautividad.

Volvamos a examinar primero el amor maternal, puesto que esta variante especialmente intensa podemos, en efecto, provocarla, tal como pude experimentar de joven.

Ya entonces la naturaleza y el entorno eran mis principales intereses, y pasaba cada minuto que tenía libre fuera en el bosque o en el lago artificial junto al Rin. Imitaba el croar de las ranas para provocar sus respuestas, de vez en cuando guardaba arañas en tarros para observarlas y criaba gusanos de la harina en harina para ser testigo de su metamorfosis en escarabajos negros. Además, por las noches me enfrascaba en la lectura de libros sobre etología (tranquilo, también Karl May y Jack London estaban en mi mesilla de noche). En una de estas obras leí que los pollitos también pueden adaptarse a los humanos. Para ello sólo hay que incubar un huevo y «hablarle» poco antes de la eclosión, de forma que la criaturilla de dentro dependa de la persona y no ya de la gallina. Este lazo podría durar toda la vida. ¡Emocionante! En aquella época, mi padre tenía en el jardín varias gallinas y un gallo, por lo que tuve acceso a huevos fecundados. Evidentemente, no tenía una incubadora, así que tuve que recurrir a una vieja almohadilla eléctrica. Problema: los huevos de gallina necesitan una temperatura de incubación de 38 grados y hay que irlos rotando varias veces al día para que a su vez se enfríen un poco. Lo que una gallina clueca domina por naturaleza, yo tuve que esmerarme en inventármelo con un chal y un termómetro. Registré la temperatura durante veintiún días, reajusté el chal alrededor del huevo, lo fui rotando meticulosamente y unos días antes de la eclosión prevista empecé con el monólogo. Y, en efecto, exactamente el día veintiuno una pequeña bola de pelusa se abrió paso hacia la libertad con el pico y lo bauticé en el acto con el nombre de Robin Hood.

¡Increíble lo cariñoso que era el polluelo! Sus plumas amarillas estaban llenas de puntitos, sus redondos ojos negros dirigidos hacia mí. No me dejaba a sol ni a sombra y si en algún momento me perdía de vista, se ponía a piar de angustia. Tanto en el lavabo, como delante de la televisión o junto a la cama, Robin siempre estaba pegado a mí. Sólo cuando estaba en el colegio tenía que dejar con gran pesar al pequeño solo, pero a la vuelta me saludaba invariablemente con alborozo. Sin embargo, esta estrecha relación era demasiado abrumadora. Mi hermano se apiadó de mí y a veces me relevaba en los cuidados para que pudiera hacer algo sin Robin, pero él también acabó agobiándose. Robin, para entonces una gallina joven, se arrimó a un antiguo profesor de inglés, gran amante de los animales. Hombre y gallina no tardaron en hacerse amigos y durante mucho tiempo se los vio pasear por el pueblo vecino: el profesor a pie y Robin sobre su hombro.

Se considera probado que Robin había creado un auténtico vínculo. Algo similar puede referir todo propietario de animal que sustituya a la madre de unas crías. Así, los corderos alimentados con biberón que crio mi mujer a mano son muy dependientes de por vida. El ser humano desempeña aquí el papel de madre adoptiva, lo que no deja de ser conmovedor. Pero no es tan voluntario este vínculo, por lo menos para el animal en cuestión, aun cuando le deba a éste su vida. Sería más bonito que un ser se uniera a nosotros espontáneamente y se quedara a nuestro lado. Pero ¿acaso existe eso?

Para ello tenemos que abandonar el terreno del amor maternal y buscar esas relaciones en general. Porque, al fin y al cabo, el animal en cuestión crecerá y estará en disposición de tomar libremente la decisión de si se arrima a nosotros o prefiere seguir siendo independiente. No en vano muchos gatos y perros se unen a nosotros ya de bebés. Ahí no hay margen para una decisión de la pequeña criatura, lo que hay que interpretar de forma positiva: tras unos días de adaptación, tal vez de un ligero dolor por la separación de la madre, los cachorros con semanas de vida se adaptan enseguida a su nueva persona de referencia y, exactamente igual que en el caso de los corderos criados con biberón, estos lazos seguirán siendo especialmente intensos de por vida. Todos se encuentran a gusto y aun así sigue en el aire la pregunta de si hay una conexión voluntaria también en los animales adultos.

En el caso de las mascotas, la pregunta se contesta con un sí rotundo; hay un sinfín de ejemplos de gatos y perros callejeros que prácticamente imponen su presencia a bípedos afectuosos. Pero para responder a la pregunta preferiría echar un vistazo a los animales salvajes, puesto que su crianza no fue alterada para lograr la mansedumbre y, por lo tanto, la predisposición al contacto con los humanos. Y quisiera descartar algo más: la domesticación a base de comida. Porque los animales salvajes a los que se da de comer lo único que quieren es comer y por eso toleran nuestra presencia a partir de cierto grado de habituación. Hasta qué punto puede eso llegar a ser desagradable es algo que vivieron nuestros anteriores vecinos con una ardilla. Habían atraído al animal durante semanas con cacahuetes, así que acabó acercándose hasta la puerta abierta de la terraza. Estaban encantados con el duende, que casi se había convertido en un miembro de la familia. Pero pobres de ellos como los dispensadores de alimento humanos no fueran lo bastante rápidos. Entonces el esciúrido arañaba con impaciencia el marco de la ventana y lo demolía en cuestión de semanas —las uñas son afiladas.

26

Las amistades entre animales salvajes y humanos es más habitual encontrarlas en el mar, con los delfines. Una estrella peculiar es Fungie, que vive en la bahía de Dingle, en Irlanda. Se deja ver a menudo, acompaña a las pequeñas embarcaciones de recreo y hace cabriolas delante de los visitantes, por lo que se ha convertido en un auténtico imán para los turistas del que hacen publicidad en los folletos oficiales. Ni siquiera el que se mete en el agua con él tiene de qué preocuparse: el gran delfín mular acompaña a los nadadores, contribuyendo así a una magnífica y extraordinaria experiencia. Esta mansedumbre no radica en la comida, el delfín incluso la rechaza.

Desde hace más de treinta años es imposible concebir la vida de la ciudad sin Fungie. ¿No es conmovedor? Por lo visto, no para todo el mundo, pues el diario *Die Welt* habló con científicos y planteó la cuestión de si el animal no estaría simplemente loco. ¿Es posible que aquella criatura solitaria se acerque a los humanos sólo porque no le gusta ningún otro delfín?[6]

Dejando aparte el hecho de que las amistades entre humanos y animales en ocasiones se traban por razones similares –por ejemplo, debido a la soledad surgida por la pérdida de la pareja–, quisiera seguir explorando la fauna terrestre autóctona. Lo que no es en absoluto tan sencillo, ya que la característica común de los animales salvajes es que son precisamente salvajes, por lo que no suelen buscar el contacto con los humanos. A ello hay que añadir las decenas de miles de años en los que el ser humano ha cazado a sus semejantes. En consecuencia, éstos han desarrollado evolutivamente hablando un recelo hacia nosotros: el que no huye a tiempo corre peligro de muerte. Y para muchas especies animales ha sido así hasta la actualidad, como pone de manifiesto una ojeada a las listas de animales cuya caza está permitida. Tanto si se trata de mamíferos grandes como el ciervo, el corzo y el jabalí, como de cuadrúpedos pequeños como el zorro y la liebre o incluso las aves, desde los cuervos pasando por los gansos y patos hasta las becadas,

---

6. Joel, A.: «Mit diesem Delfin stimmt etwas nicht», *Die Welt*, 26-12-2011, www.welt.de/wissenschaft/umwelt/article13782386/Mit-diesem-Delfin-stimmt-etwas-nicht.html, consultado el 30-11-2015.

miles de ellos acaban cada año bajo una lluvia de balas. Es perfectamente comprensible cierta desconfianza hacia todos los bípedos, lo que hace aún más bonito que una criatura suspicaz se sobreponga y, pese a ello, busque el contacto con nosotros.

Pero ¿cuál podría ser el móvil? Habría que descartar el señuelo de la comida, porque de lo contrario no sabemos si es solamente el hambre lo que reprime el recelo. Hay, sin embargo, otra fuerza que también es muy importante para los humanos: la curiosidad. Y renos cuando menos curiosos es lo que vimos mi mujer Miriam y yo en Laponia. Bueno, completamente salvajes no son, ya que la población indígena, los sami, poseen estas manadas y las arrean con helicópteros y motos de nieve cuando quieren seleccionar animales para sacrificarlos o marcarlos; por lo demás, han conservado su carácter salvaje y, por regla general, son muy ariscos con los humanos. Acampamos en las montañas del Parque Nacional de Sarek y, como buen madrugador, por las mañanas era el primero en salir del saco de dormir. Me puse a contemplar un rato el impresionante panorama de la naturaleza virgen cuando de repente percibí movimiento cerca. ¡Un reno! ¿Uno? No, por la ladera bajaban más, y desperté a Miriam para que también pudiese contemplar a los animales. Para el desayuno había cada vez más y al final toda la manada se había reunido a nuestro alrededor –cerca de trescientos animales–. Estuvieron todo el día cerca de nuestra tienda de campaña y una joven cría se atrevió incluso a acercarse a un metro de distancia para echar una siestecita junto a ésta. Era como estar en el paraíso.

Que los animales eran realmente ariscos lo comprobamos con un pequeño grupo de excursionistas. Cuando aparecieron, el rebaño se retiró para volver más tarde a la zona que rodeaba la tienda de campaña, con lo que se puso de manifiesto que algunos ejemplares tenían un gran interés en nosotros. Con los ojos bien abiertos y los orificios nasales dilatados intentaron sondearnos, y para nosotros fue la experiencia más bonita de todo el recorrido. Ignoramos por qué se mostraron tan confiados con nosotros. Tal vez sea nuestro trato cotidiano con animales el que hace que nos movamos con más tranquilidad y parezcamos, así, inofensivos.

Todo el mundo puede vivir ejemplos parecidos allí donde no se cacen animales. Tanto en los Parques Nacionales de África, como en las islas Galápagos o en la tundra ártica, las especies aún no han tenido experiencias negativas con nosotros, por eso dejan acercarse tanto a los humanos. Y, de vez en cuando, incluso hay ejemplares que miran con curiosidad qué invitado de excepción deambula por su territorio. Estos encuentros son especialmente felices, porque se basan en la absoluta espontaneidad de ambas partes.

Es difícil probar el amor auténtico y natural del animal hacia el ser humano, y hasta el polluelo Robin Hood no pudo por menos de desarrollar tales sentimientos hacia mí. ¿Y a la inversa? Que la zoofilia existe pueden corroborarlo todos los dueños de gatos, perros y demás mascotas. Pero ¿qué hay de la calidad de ese amor? ¿Acaso los animales no son una mera superficie donde se proyectan y reflejan la falta de hijos, la pareja fallecida o la escasa atención del prójimo? El tema es un campo de minas que evitaría encantado. Pero cuando hablamos de los sentimientos de los animales, deberíamos preguntar también qué produce nuestro bienestar emocional con los cuadrúpedos. Por lo pronto, éste deforma a los animales, literalmente además, porque la cría de perros y gatos en la mayoría de los casos ha dejado de tener como objetivo convertirlos en asistentes especialmente útiles para la caza (de liebres, corzos o ratones); más bien, tanto su carácter como su aspecto han sido adaptados a nuestra necesidad de achuchar y acariciar. El bulldog francés es un buen ejemplo de ello: antes me parecía feo, su morro chato con esos pliegues detrás de la nariz respingona, que hacía roncar al animal, como un defecto. Pero después conocí a Crusty, un macho gris azulado, del que cuidábamos de cuando en cuando. Enseguida me encariñé con él y en aquel momento me daba exactamente igual cómo había sido criado, era una monada. Mientras que otros perros a los cinco minutos de caricias se han cansado, Crusty puede pasarse horas disfrutando de estos mimos. Si paras, busca suplicante tu mano y levanta la vista con ojos expresivos. Lo que más le gusta es dormir encima de la barriga de su dueño mientras ronca a placer.

¿De verdad puede ser malo algo así? Lógicamente, criaron la raza para que fueran perros falderos, peluches vivos, por así decirlo. No quiero juzgar en absoluto su legitimidad; la pregunta es más bien: ¿qué tal está el perro? Si, de nacimiento, tiene una necesidad acuciante de caricias, si, además, tiene una carita que hace que todo el mundo (¡absolutamente todo el mundo!) quiera satisfacer esta necesidad al instante, ¿qué problema hay para el perro? Él, evidentemente, está encantado, humano y animal se convierten en lo que necesitan. Sólo la causa de esta necesidad, la alteración genética a través de la cría precisamente en esa dirección, deja un regusto ligeramente amargo.

Bien distinto es cuando las necesidades de los animales, surgidas naturalmente o mediante la cría, no son atendidas. Cuando el propio amor ciega tanto que el animal es tratado como un humano vestido de perro. Entonces puede pasar que la sobrealimentación, la falta de paseos y los escasos estímulos olfativos (como los paseos en la nieve) produzcan severos perjuicios para la salud, que atormentan mortalmente a los malcriados perros.

Hay luz en la mollera

Antes de sumergirnos en la afectividad y la vida interior de los animales deberíamos volver a incidir en la cuestión de si todo esto no será descabellado; a fin de cuentas, para el procesamiento de los sentimientos, tal como nosotros los vivimos, tiene que haber determinadas estructuras cerebrales, al menos según el estado actual de la ciencia. La respuesta está bastante clara: en los humanos es el sistema límbico el que nos permite experimentar la paleta completa (alegría, duelo, miedo o deseo) y el que posibilita, junto con otras zonas del cerebro, las correspondientes reacciones del cuerpo.[7] Estas estructuras cerebrales son muy antiguas evolutivamente hablando, de forma que las compartimos con muchos mamíferos. Cabras, perros, caballos, vacas, cerdos…, la lista es muy larga. Pero no sólo los mamíferos, no, también las aves e incluso los peces –que en el *ranking* de los biólogos están en un nivel evolutivo muy inferior– forman parte de esta lista según las últimas investigaciones.

En el caso de los animales acuáticos se entró en el campo temático de las emociones a través del estudio del dolor. El detonante fue la cuestión de si al pescar los peces sienten las heridas del anzuelo. Lo que a ti quizá pueda parecerte una obviedad, durante mucho tiempo se

---

7. http://user.medunigraz.at/helmut.hinghofer-szalkay/XVI.6.htm, consultado el 19 de octubre de 2015.

consideró improbable. Al ver fotos de los barcos de arrastre, que arrastran a bordo redes repletas de criaturas marinas vivas que se asfixian lentamente, al ver truchas que aletean colgadas del extremo de cañas dobladas de aficionados a la pesca, sí que uno se pregunta cómo es posible que socialmente se tolere algo así, habida cuenta de las discusiones actuales en torno a la protección animal. Seguramente no suela haber mala intención alguna detrás, sino a menudo la suposición no probada de que los peces son criaturas impasibles que vagabundean insensibles por ríos y mares.

Victoria Braithwaite, profesora de la Universidad Estatal de Pensilvania (Oxford), ha descubierto algo totalmente distinto. Hace ya años localizó cerca de veinte receptores del dolor exactamente en la zona de la boca, en la que normalmente se clava el anzuelo.[8] Aunque con eso sólo se demostraría que la percepción sorda del dolor está dentro de lo probable. Así pues, Braithwaite estimuló las zonas a base de pinchazos, con lo que desencadenó reacciones en el telencéfalo –donde también en nosotros, los humanos, se procesan los estímulos dolorosos–. Con ello pudo probarse que las heridas hacen sufrir a los peces.

Pero ¿qué pasa con emociones como, por ejemplo, el miedo? En los seres humanos se genera en la amígdala, una región cerebral también llamada almendra. Esto se ha ignorado durante demasiado tiempo, si bien hace años que se suponía. No fue hasta enero de 2011 cuando unos científicos de la Universidad de Iowa publicaron el informe de la investigación sobre una mujer a la que llamaron SM. SM tenía miedo a las arañas y las serpientes hasta que debido a una extraña enfermedad las células de su amígdala sufrieron necrosis. Lógicamente, aquello fue triste para SM, pero para los investigadores fue una oportunidad única para investigar las repercusiones resultantes de la deficiencia de ese órgano. Acompañaron a SM a una tienda de animales, donde la mujer tuvo que hacer frente a lo que le causaba miedo. Al contrario de sus reacciones previas, la mujer entonces fue capaz de tocar a los animales

---

8. Stockinger, G.: «Neuronengeflüster im Endhirn», *Der Spiegel* 10/2011, 05-03-2011, pp. 112-114.

y, en sus propias palabras, sintió mera curiosidad, pero ya no miedo.[9] En el ser humano pudo localizarse claramente la ubicación del miedo, pero ¿y en los peces?

De hecho, Manuel Portavella García y su equipo de la Universidad de Sevilla hallaron estructuras equiparables en las zonas externas del cerebro (en nuestro caso el centro del miedo está situado muy adentro/abajo del cerebro), donde hasta la fecha no se había investigado. Con ese fin entrenaron a peces rojos para que huyeran pitando de una esquina concreta de su acuario apenas un foco verde empezara a emitir destellos; de no hacerlo, se producía una descarga eléctrica. Seguidamente, los investigadores paralizaron una parte del cerebro de los peces, el denominado telencéfalo. Equivale a nuestro centro de dolor y su desconexión produjo lo mismo que en el ser humano: a partir de entonces los peces rojos ignoraron sin miedo la luz verde. Los investigadores concluyeron que los peces y vertebrados terrestres han heredado las mismas estructuras cerebrales de sus antepasados comunes, que por lo menos vivieron hace ya 400 millones de años.[10]

El *hardware* de los sentimientos hace ya tiempo, pues, que está presente en todos los vertebrados. Pero ¿de verdad sienten de manera similar a nosotros? Hay muchos indicios de ello. Así, en los peces puede incluso detectarse la hormona de la oxitocina, que en nosotros no sólo consolida la felicidad materna, sino también el amor hacia la pareja. ¿Felicidad y amor en los peces? Es algo que no podremos demostrar por lo menos a corto plazo, pero ¿por qué en caso de duda argumentamos siempre «contra las víctimas»? La ciencia es contraria a la sensibilidad de los animales hasta que ésta ya no pueda negarse. ¿No sería mejor argumentar, por si acaso, lo contrario, para no maltratar innecesariamente a los animales?

En los capítulos anteriores he descrito deliberadamente los sentimientos tal como los experimentamos los humanos. Sólo así se pueda,

---

9. Feinstein, J. S., y otros: «The Human Amygdala and the Induction and Experience of Fear», *Current Biology*, n.º 21, 11-01-2011, pp. 34-38.

10. Portavella, M., y otros: «Avoidance Response in Goldfish: Emotional and Temporal Involvement of Medial and Lateral Telencephalic Pallium», *The Journal of Neuroscience*, 03-03-2004, pp. 2335-2342.

quizá, llegar en parte a entender qué pasa en la cabeza de los animales. Pero incluso aunque sus estructuras cerebrales difieran de las nuestras y estas diferencias probablemente impliquen una vivencia distinta, eso no significa que los sentimientos, en general, no sean posibles. Nos cuesta más ponernos en el lugar de otras especies, como, por ejemplo, en el de las moscas de la fruta, cuyo sistema nervioso central, pese a sus 250.000 células, no representa más que el 0,04 por 100 del tamaño de nuestro sistema nervioso. ¿Pueden unos seres tan diminutos y con tan limitadas capacidades sentir realmente algo en la mollera, tener incluso conciencia? Lo último ya sería el no va más, pero por desgracia la ciencia aún no ha llegado tan lejos como para poder responder definitivamente a la pregunta. Eso, entre otras cosas, se debe a que el término «conciencia» no puede definirse con exactitud. Por pensamiento se entiende poco más o menos la reflexión sobre lo vivido o leído. Piensas momentáneamente en este texto, luego tienes conciencia. Y descubrieron cuando menos las condiciones previas para ello también en las moscas de la fruta, el cerebro minúsculo. Al igual que en nosotros, en esa pequeña criatura entran cada instante un sinfín de estímulos ambientales: el olor de las rosas, el humo de los tubos de escape, la luz del sol, la brisa; todo eso lo registran células nerviosas distintas, no sincronizadas entre sí. ¿Cómo filtra entonces la mosca lo más importante de ese aluvión, para que no se le escape un peligro ni un bocado especialmente sabroso? Su cerebro procesa la información y se encarga de que las distintas zonas cerebrales sincronicen sus actividades, aumentando así determinados estímulos. De esta forma, sobresale lo interesante del zumbido general de miles de otras impresiones. La mosca puede, pues, dirigir su atención específicamente sobre cosas concretas, como nosotros.

Como se mueven a la velocidad del rayo, penetran incontables imágenes por segundo en los ojos de los pequeños insectos, que constan de cerca de seiscientas facetas simples. Esta cantidad parece casi insuperable y es vital para las moscas: todo lo que se mueve podría ser un enemigo con mucho apetito. De ahí que el cerebro de las moscas deje que las imágenes estáticas se difuminen y se centre sólo en aquellos objetos que se mueven. Podría también decirse que el pequeño bicho se concentra en lo esencial, una capacidad de la que seguramente no hubiéramos creído capaz al diminuto animal. Algo parecido hacemos también nosotros, dicho sea de paso: nuestro cerebro tampoco deja que todas las imágenes que ven nuestros ojos penetren hasta nuestra conciencia, sino sólo aquéllas importantes para nosotros.

Por consiguiente, ¿tienen las moscas conciencia? La investigación no quiere ir tan lejos, pero se considera irrefutable cuando menos la capacidad de dirigir la atención activamente.[11]

Volvamos de nuevo a las diversas estructuras cerebrales de las distintas especies. Si bien es cierto que incluso los vertebrados inferiores cuentan con unos órganos básicos para la calidad de sentimientos, tal como nosotros los vivimos se necesita más. Siempre leemos que sólo con un sistema nervioso central como el nuestro son posibles las emociones intensas y conscientes –el acento puesto en *consciente*–. Los surcos de nuestro órgano de pensamiento conforman en su capa más externa el neocórtex, la parte más reciente desde un punto de vista evolutivo. Aquí nace la percepción, la conciencia; aquí discurre el pensamiento. Y el cerebro humano tiene más células de éstas que el de otras especies, por lo que llevamos la corona de la creación debajo de la bóveda craneal. Es lógico que todos los demás seres de este planeta sientan menos las emociones y que tampoco puedan ser tan inteligentes, ¿verdad? Aquí hace al caso hablar, por ejemplo, del principal profesor de pesca de Alemania, Robert Arlinghaus. En una entrevista a *Der Spiegel* puso de relieve que con las heridas de la pesca los peces difícilmente sienten dolor como nosotros, ya que carecen de neocórtex y no es posible una sensación consciente.[12] Fuera de que otros científicos le contradigan *(véase* página 31), eso suena más a una justificación de su *hobby* que a un dictamen objetivo, prudente y científico.

Algo similar argumentan los *gourmets* todos los años por Navidad a la hora de servir en la mesa sabrosos crustáceos, como asimismo refirió

---

11. Beuer, H.: «Die Welt aus der Sicht einer Fliege», *Süddeutsche Zeitung*, 19.05.2010, www.sueddeutsche.de/panorama/forschung-die-welt-aus-sicht-einer-fliege-1.908384, consultado el 20-10-2015.

12. www.spiegel.de/wissenschaft/natur/angelprofessor-robert-arlinghaus-ueber-den-schmerz-der-fische-a-920546.html, consultado el 11-11-2015.

Der Spiegel.[13] De todo el abanico de opciones es representativo el bogavante, que se sirve en una bandeja como símbolo de estatus después cocerlo vivo, hasta que se torna de un rojo intenso. Mientras que a los vertebrados hay que matarlos antes de su preparación, los cangrejos pueden echarse en la olla hirviendo sin siquiera haber sido aturdidos. Además, el calor puede tardar minutos en cocer totalmente el interior y, por lo tanto, en destruir también los sensibles ganglios. ¿Sensibilidad al dolor? ¡Venga ya! Los cangrejos no tienen columna vertebral, así que tampoco dolor. Al menos eso es lo que se afirma. Su sistema nervioso está estructurado de otra forma y es más difícil demostrar el dolor que en especies con esqueleto. Los científicos que están a favor de la industria alimentaria aseveran que las reacciones no son más que reflejos.

El profesor Robert Elwood, de la Universidad de Belfast, objeta que: «Negar que los cangrejos son capaces de sentir dolor únicamente porque no tienen la misma complexión que nosotros es como afirmar que no ven nada únicamente porque carecen de corteza visual (una zona del cerebro del ser humano)».[14] Aparte de eso, los actos reflejos también pueden ser dolorosos, como tú mismo puedes comprobar fácilmente con una valla electrificada: si al tocarla con la mano le sigue un impulso eléctrico, retiras la mano en décimas de segundo, quieras o no. No es más que un reflejo que sucede sin reflexión alguna y aun así la descarga hace mucho daño.

¿En serio sólo hay un camino, el humano, para experimentar los sentimientos con intensidad y puede que de manera consciente? La evolución no es tan unilateral como a veces creemos (¿o incluso esperamos?). Sin ir más lejos, las aves, con su cerebro relativamente diminuto, demuestran que hay otros caminos que también llevan a la inteligencia, ya que desde la era de los dinosaurios –de quienes se conside-

---

13. Evers, M.: «Leiser Tod im Topf», *Der Spiegel* 52/2015, p. 120.
14. Stelling, T.: «Do lobsters and other invertebrates feel pain? New research has some answers», *The Washington Post*, 10-03-2014, www.washingtonpost.com/national/health-science/do-lobsters-and-other-invertebrates-feel-pain-new-research-has-some-answers/2014/03/07/f026ea9e-9e59-11e3-b8d8-94577ff66b28_story.html, consultado el 19-12-2015.

ra que descienden– su evolución ha ido en una dirección distinta a la nuestra. Sin neocórtex, son capaces de realizar tareas de gran rendimiento intelectual, como expondré más adelante con todo detalle. Una región llamada cresta dorsal ventricular (DVR por sus siglas en inglés) asume tareas y funciones similares a nuestra corteza cerebral. Mientras que el neocórtex humano está estructurado por capas, el equivalente en las aves se compone de pequeños fragmentos, un hecho que durante mucho tiempo ha generado dudas sobre una capacidad de rendimiento pareja.[15] Hoy en día se sabe que los cuervos y demás especies sociales llegan al rendimiento intelectual de los simios y en parte hasta lo superan. Otra prueba para la praxis, que la ciencia en caso de duda argumenta con excesivas reservas en lo que se refiere a la sensibilidad de los animales, a los que priva de muchas capacidades intelectuales hasta que haya una demostración inequívoca de lo contrario. En vez de eso, ¿no podrían decir un simple (y, además, correcto): «No lo sabemos»?

Antes de concluir este capítulo, quisiera presentarte a otra criatura de nuestros bosques, que, en el auténtico sentido de la palabra, no tiene cabeza. En ocasiones puedes encontrarla en la madera en descomposición, donde crea una alfombrilla ondulada de color amarillo: es el hongo. Un momento. ¿Este libro no trata principalmente de animales? Pues sí, pero la ciencia no tiene claro a qué categoría pertenecen en realidad estos hongos. Con los hongos normales ya es bastante complicado determinar si, junto con la fauna y la flora, constituyen un tercer reino de especies, porque no entran ni en uno ni en otro. Los hongos se alimentan, como los animales, de la sustancia orgánica de otros seres vivos. Además, sus paredes celulares están compuestas de quitina, al igual que el revestimiento exterior de los insectos. Y los mixomicetos, que forman una alfombra amarilla sobre la madera muerta, ¡incluso se mueven! Cual medusa gelatinosa, esas criaturas son capaces de salir por la noche de los vasos en que han sido provisionalmente depositadas. En la actualidad, la ciencia las ha disociado de los

---

15. Dugas-Ford, J., y otros: «Cell-type homologies and the origins of the neocortex», *PNAS*, vol. 109, n.° 42, 16 de octubre de 2012, pp. 16.974-16.979.

hongos, acercándolas un poco más hacia los animales. ¡Bienvenidas al libro!

Algunas especies de estos mixomicetos son tan interesantes para los investigadores que en los laboratorios los observan con regularidad. El *Physarum polycephalum*, ése es su rimbombante nombre latino, es uno de esos candidatos y le gustan los copos de avena. En el fondo, este ser es una gigantesca célula única con infinitos núcleos celulares. Y a este unicelular mucilaginoso los investigadores lo introducen en un laberinto con dos salidas, en cada uno de cuyos extremos colocan cebo a modo de recompensa. El mixomiceto se extiende por los pasillos y, tras más de cien horas, da en cualquier caso con la salida adecuada; para lo cual, por lo visto, utiliza el propio rastro de su mucílago, donde ya ha estado, y en adelante evita esas zonas, porque no son nada prometedoras. En la naturaleza esto tiene sin duda un trasfondo práctico, porque así ese ser sabe dónde ha buscado ya alimento y, por consiguiente, tampoco encontrará más. Ciertamente, encontrar la salida de un laberinto sin tener cerebro es un logro de por sí. En cualquier caso, los investigadores atribuyen a estas criaturas planas una especie de memoria espacial.[16] Los investigadores japoneses se llevaron la palma, porque construyeron un laberinto con la forma del principal entramado de carreteras de Tokio. Los principales barrios eran atrayentes salidas con cebo. El mixomiceto que metieron dentro se puso en marcha y cuál fue la sorpresa cuando unió las salidas entre sí por el camino óptimo y más corto: en el fondo, ¡la imagen se parecía a la red ferroviaria de la megalópolis![17]

Me gusta mucho el ejemplo del mixomiceto, porque pone de manifiesto qué poco se necesita para echar por la borda nuestras concepciones de la naturaleza primigenia, de los animales impasibles e insensibles; ya que estas extrañas criaturas carecen por completo de los

16. C. R., Reid, y otros: «Slime mold uses an externalized spatial "memory" to navigate in complex environments», *Proceedings of the National Academy of Sciences*.doi: 10.1073/pnas.1215037109.

17. www.daserste.de/information/wissen-kultur/wissen-vor-acht-zukunft/sendung-zukunft/2011/schleimpilze-sind-schlauer-als-ingenieure-100.html, consultado el 13-10-2015·

fundamentos descritos en el capítulo anterior. Si las especies unicelulares tienen memoria espacial y son capaces de llevar a cabo tan complejas tareas, ¿cuántas capacidades y sentimientos insospechados albergarán los animales que tienen 250.000 células cerebrales, como la ya mostrada mosca de la fruta? Que las aves y los mamíferos, de estructura física y cerebral incluso mucho más similar a la nuestra, cuenten con nuestra paleta de sensaciones, difícilmente puede causar sorpresa en este sentido.

Cerda estúpida

Los cerdos domésticos descienden de los jabalíes, valorados desde siempre por nuestros antepasados como suministradores de carne. Para disponer de los sabrosos animales rápidamente y sin la peligrosa caza, hace alrededor de diez mil años se domesticaron y criaron para satisfacer aún mejor nuestras exigencias. Sin embargo, los animales han conservado hasta hoy su repertorio conductual y especialmente su inteligencia. Deja que echemos primero un vistazo a lo que hace la variante salvaje. Reconocen perfectamente a sus familiares, por ejemplo, por muy lejanos que sean. Es algo que pudieron comprobar indirectamente los investigadores de la Universidad Técnica de Dresden, investigando las áreas de distribución de las asociaciones familiares, también denominadas piaras. Con ese fin, atraparon con trampas a 152 jabalíes o los aturdieron con armas de inyección anestésica, les pusieron un localizador y luego volvieron a soltarlos. Así podían ver por dónde merodeaban los vagabundos nocturnos. Normalmente, hay pocas intersecciones entre los territorios de piaras vecinas. Por término medio, estas zonas tienen sólo de cuatro a cinco kilómetros cuadrados de extensión, siendo, pues, mucho más pequeñas de lo que se suponía. Los límites los marcan con ayuda de los árboles, en los que los jabalíes se restriegan tras revolcarse en el barro, con lo que dejan el rastro individual de su olor. Sin embargo, estos límites son difusos, porque no hay ninguna señal permanente y por eso no es de extrañar que de vez en cuando tengan lugar transgresiones de cerdos foráneos. Los encuentros con congéneres desconocidos conducen regularmente a fuertes conflictos que hasta un cerdo evita de buen grado. De ahí que las transgresiones fronterizas de piaras no emparentadas sean más bien escasas; en cambio, si dos grupos emparentados tienen demarcaciones contiguas, los territorios pueden superponerse hasta en un 50 por 100. Evidentemente, se trata más amablemente a miembros lejanos de la familia que a desconocidos, y sobre todo, ¡se distinguen con claridad! Así pues, los jabatos del año pasado, los denominados transgresores, sólo son expulsados cuando la siguiente camada se acerca; la jabalina ya no tendrá tiempo de cuidar de los jovencitos y ya muy independientes. Estos hermanos se agrupan en piaras de transgresores para seguir viviendo de forma gregaria. Los jabalíes son muy sociales y les gusta ayudarse mutuamente en su aseo personal o simplemente acostarse bien acurrucados unos junto a otros. Si a lo largo del año se produce un encuentro entre la piara de transgresores y la antigua parentela, que ahora guía de nuevo a unos jabatos, todos se quedan pacíficamente. Siempre se reconocerán y querrán.

A menudo me he preguntado con respecto a nuestros animales domésticos, si las cabras o los conejos son capaces de seguir identificando o no como familiares a las crías adultas de su grupo. Fruto de la propia observación, a día de hoy creo poder contestar claramente que sí a esta pregunta. Una única condición: que los animales no se separen. Si los sacan unos días del cercado, luego se comportan como extraños. ¿Acaso su memoria a largo plazo no está diseñada para el almacenamiento de la parentela? Cuando menos con los jabalíes y, por lo tanto, probablemente también con los cerdos domésticos, la cosa cambia, ya que son capaces de recordar a los suyos durante mucho tiempo. Claro que de poco les sirve eso a los cerdos domésticos, porque, por desgracia, sólo se crían en grupos de su misma edad, separados de sus padres, y por regla general no superan el primer año de vida.

Como es bien sabido, los cerdos son animales sumamente limpios. Lo que más les gusta es usar una especie de retrete, lugares fijos, vaya, en los que hacen sus necesidades mayores o menores. Este retrete nunca está en el sitio donde duermen –¿a quién le gustaría dormir en una cama apestosa?–. Lo mismo pasa con los jabalíes y cerdos domésticos, y cuando uno ve fotos de pocilgas de ganadería intensiva con sus minúsculas jaulas (un metro cuadrado de superficie por animal) y los feculentos ocupantes en su interior, es posible intuir lo mal que lo pasan esos animales.

Los jabalíes adaptan sus camas al clima y la estación del año. A poder ser, utilizan siempre el mismo sitio para su cama, porque al fin y al cabo ha sido cuidadosamente elegido. Pero si cambia el viento y la lluvia se cuela donde duermen, los animales se trasladan a una zona del bosque donde puedan dormir protegidos del viento y relativamente secos. En verano, el suelo raso del bosque hace las veces de colchón, aunque de todos modos los jabalíes suelen pasar mucho calor; en cambio, en invierno planifican el descanso nocturno especialmente bien. Un rincón cómodo en una zarza frondosa protegida del viento, a la que sólo se acceda por dos o tres entradas tipo túnel, es lo ideal. Allí juntan hierba seca, hojarasca, musgo y demás material de relleno y lo apilan todo con esmero para formar un lecho mullido.

¿He dicho «descanso nocturno»? Si bien es seguro que les encantaría dormir, mientras también nosotros soñamos en nuestras camas, los astutos animales tienen el ritmo invertido. Cada año, los cazadores cazan hasta 650.000 jabalíes,[18] y para ello necesitan la luz del día. Para huir de sus perseguidores, los puercos salvajes aprovechan la oscuridad. Eso normalmente sería protección suficiente, ya que de noche no está permitido disparar. Normalmente. En el caso de los jabalíes se hace una excepción para tratar de controlar al menos relativamente las poblaciones rampantes. Pero como los aparatos de visión nocturna siguen estando prohibidos, los cazadores deben esperar a que haya luna llena y haga buen tiempo, porque así en un claro como mínimo se ve algo más que vagas sombras. Los jabalíes son atraídos con pequeñas

---

18. http://de.statista.com/statistik/daten/studie/157728/umfrage/jahresstrecken-von-schwarzwild-in-deutschland-seit-1997-98/, consultado el 28-11-2015.

porciones de granos de maíz, que es lo que más les gusta del mundo. Objetivo: que el tiro mortal les alcance mientras comen. Sin embargo, los hábiles puercos salvajes no son tan fáciles de engañar, ya que entonces dejan sus actividades para la segunda parte de la noche. Pero también para eso tiene la industria de la caza recursos a punto: los relojes para esperas. Son despertadores que se detienen cuando se vuelcan. Si se coloca semejante reloj junto a los granos de maíz, éste indica cuándo se acerca a comer el jabalí. Así el cazador puede situarse en el puesto elevado exactamente a esa hora y no tiene que esperar mucho a que su presa aparezca.

No obstante, parece que al final han ganado los jabalíes: utilizan el cebo en parte como alimento básico y, pese a la caza, se reproducen tan deprisa que en muchos sitios la reducción de su población ya se considera fallida.

Sin embargo, gracias a los cerdos domésticos se han obtenido muchos resultados de investigaciones especialmente conmovedores, simplemente porque diversas facultades estudian cómo mejorar la ganadería intensiva. El profesor Johannes Baumgartner, de la Universidad de Medicina Veterinaria de Viena, a la pregunta del diario *Die Welt* de si había detectado una gran personalidad entre los cerdos que había observado, habló de una vieja puerca. Había parido 160 lechones a lo largo de su vida y les había enseñado a construir nidos de paja. Cuando sus hijas crecieron, la anciana les ayudó a prepararse para el parto, a modo de partera.[19]

Si tanto saben las investigaciones sobre la inteligencia de los cerdos, ¿por qué esta imagen de puercos astutos no se impone públicamente? Supongo que guarda relación con el consumo de carne de cerdo. Si todo el mundo entendiera qué criatura tiene en el plato, perdería gran parte del apetito. Algo similar sabemos de los simios: ¿quién de nosotros comería carne de mono?

---

19. Boddereas, E.: «Schweine sprechen ihre eigene Sprache. Und bellen»., www.welt.de, del 15-01-2012, www.welt.de/wissenschaft/article13813590/Schweine-sprechen-ihre-eigene-Sprache-Und-bellen.html, consultado el 29-11-2015.

Gratitud

Forzado ya por las circunstancias, ya por deseo propio, voluntariamente o no, es indudable que el amor de los animales hacia los humanos (y muy intenso también a la inversa, claro está) existe. A dos pasos de estas emociones se halla para mí la gratitud, que los animales seguramente también son capaces de sentir. Es algo que pueden confirmar sin ir más lejos los dueños de perros que no han sido acogidos por la familia hasta cierta edad y han vivido un pasado lleno de vicisitudes.

Nuestro cocker spaniel, Barry, no llegó a nuestra casa hasta los nueve años. En el fondo, tras la muerte de nuestra münsterländer, Maxi, queríamos cerrar el capítulo perros. En el fondo. Mientras mi mujer, Miriam, se oponía rotundamente a tener otro perro, mi hija intentaba convencernos de lo contrario. En mi caso halló poca resistencia, ya que en realidad no concebía la vida sin perro. Y cuando en el mercado otoñal me acompañó a una tienda cercana de productos agrícolas, los dos tuvimos claro que de ahí podría salir algo. La protectora de animales de Euskirchen quería mostrar allí a sus huéspedes y a su vez buscarles un hogar. Mi hija y yo nos llevamos un gran chasco cuando no nos enseñaron más que conejos –porque, en fin, ya teníamos en casa–. Llevábamos todo el día esperando en el recinto, recorriendo una y otra vez la maraña de pasillos entre los puestos, y entonces eso: ¡no había perros! Ya nos íbamos cuando, por fin, se nos comunicó que, seguidamente, el anterior dueño de un futuro ocupante, Barry, vendría a hacer las presentaciones antes de dejarlo en la protectora. Se nos disparó el corazón: nos dijeron que el macho era muy sociable, que viajaba en coche sin problemas y que, además, estaba castrado. ¡Perfecto! Nos levantamos del banco prácticamente de un salto y nos acercamos. Un pequeño paseo de prueba, un apretón de manos con el compromiso de poder tener provisionalmente al perro tres días, y desaparecimos con él en el coche en dirección a Hümmel.

Los tres días de prueba eran importantes, porque Miriam aún no sospechaba nada. Volvió de una reunión a última hora de la tarde y estaba quitándose el abrigo cuando mi hija dijo: «¿No notas nada raro?». Mi mujer miró a su alrededor y negó con la cabeza. «¡Mira a tus pies!», le pedí. Y entonces ya no hubo nada que hacer. Barry levantó la vista hacia ella meneando la cola y mi mujer se encariñó con él de por vida. Y el perro estaba agradecido –agradecido de que la odisea tuviera un final–. Su dueña demente había tenido que darlo, luego pasó por dos familias y entonces había encontrado en nosotros su última estación. Es verdad que fue desconfiado durante toda su vida, aunque ya no pudiese haber más cambios, pero, por lo demás, Barry fue siempre alegre y simpático. Simplemente estaba agradecido, ¿no?

Pero ¿cómo medir la gratitud o, cosa prácticamente igual de difícil, definirla? Si a continuación te pones a indagar en Internet, no encontrarás nada demasiado concreto, sino antes bien más controversia. Para algunos amantes de los animales, la gratitud es algo así como una reivindicación, una actitud que algunos propietarios esperan de su animal por los cuidados recibidos. Así entendido, yo no buscaría en absoluto gratitud en los animales, porque entonces sería una manifestación de sumisión y adolecería de un regusto negativo. Básicamente, y en relación con los humanos, en la mayoría de las definiciones queda patente que la gratitud es una emoción positiva ante un acontecimiento gratificante provocado por algo o alguien. Para estar agradecido es preciso, por tanto, ser capaz de reconocer que el otro ha hecho algo bueno por uno. Ya el político y filósofo romano Cicerón ensalzó la gratitud como la mayor de las virtudes, atribuyendo también a los perros esa capacidad. Pero ahora viene lo peliagudo: ¿cómo averiguar si un animal sabe quién o qué ha provocado un acontecimiento feliz? A diferencia de la propia alegría (fácil de notar en un perro), es pertinente reflexionar acerca de la causa. Este extremo es relativamente fácil de determinar en los animales. Por ejemplo, con la comida. La comida alegra al animal, que sabe perfectamente quién le ha llenado el comedero. Los perros suelen pedir a sus amos que repitan la operación. Pero ¿de verdad es gratitud eso? Porque este comportamiento bien podría considerarse mendicante. Además, ¿la auténtica gratitud no pasa por una postura, una actitud ante la vida? ¿Celebra uno las pequeñas cosas de la vida sin codiciar más constantemente? Visto así, la gratitud es una confluencia de felicidad y satisfacción por circunstancias de las que uno mismo no es responsable. Por desgracia, no es posible demostrar semejante gratitud en los animales –su actitud interior ante la vida a lo sumo la intuimos–. Mi familia y yo estamos, cuando menos, convencidos de que Barry estaba contento y feliz de haber encontrado en nosotros su último hogar; aunque carezcamos de prueba científica alguna.

Patrañas

¿Saben mentir los animales? Tomando el concepto en un sentido muy amplio, algunos animales sí son capaces de hacerlo. Las moscas de las flores, que imitan a las avispas con sus rayas amarillas y negras, «engañan» a sus enemigos fingiendo peligro. Seguro que las moscas no son conscientes de su ardid, ya que al fin y al cabo no han contribuido a ello de manera activa, sino que son así de nacimiento. Algo parecido ocurre con el pavón diurno, una mariposa autóctona que, con los grandes ocelos de sus alas, da a entender a sus enemigos que es una presa también grande, demasiado grande. Dejemos, pues, este engaño pasivo a un lado y veamos quién se las sabe realmente todas.

Sería el caso, por ejemplo, de nuestro gallo Fridolin. Es un flemático ejemplar de su especie y es blanco como la nieve –por algo pertenece a la raza australorp blanca. Fridolin vive con dos gallinas en un corral enorme de 150 metros cuadrados, protegido contra zorros y azores. Dos gallinas son más que suficientes para el suministro de huevos, pero Fridolin opina todo lo contrario. La verdad es que no se le utiliza a pleno rendimiento; su instinto sexual da tranquilamente para dos docenas de amantes. Así que tiene que concentrar por fuerza todo su amor en Lotta y Polly. A las gallinas no les gustan los constantes ataques de apareamiento y por eso en el corral esquivan veloces a Fridolin

47

apenas éste se prepara para el salto decisivo; no obstante, si consigue aterrizar sobre la espalda de una dama gallinácea, extiende las alas para mantener el equilibrio. Al mismo tiempo, agarra a la gallina inmovilizada en el suelo por las plumas del pescuezo, que a veces incluso le arranca debido al frenesí. Acto seguido, presiona su cloaca contra la de la pareja e introduce su semen. Finalizado el acto, que dura segundos, la gallina se sacude y después puede comer un rato tranquila al menos. Pero Fridolin pronto vuelve a tener ganas y, como nadie está ya por la labor, comienza una captura agotadora para él. El gallo suele quedarse sin aliento y entonces llega cierta calma.

Aunque también puede ser más pacífica la cosa. Fridolin acostumbra a comportarse como un caballero y, si hay comida, cede el paso a su pequeño harén. Nada más atisbar algo sabroso, se pone a arrullar en un tono especial y Lotta y Polly se abalanzan sobre el alimento encontrado. Pero a veces no hay nada que picotear junto a las garras de Fridolin; el gallo ha mentido descaradamente. En lugar de sabrosos gusanos o granos especiales, a las gallinas les espera un nuevo intento de apareamiento, que por el efecto sorpresa a menudo culmina con éxito. Sin embargo, si esto sucede demasiado a menudo (y con dos gallinas basta con un par de mentiras), ambas se muestran precavidas hasta con el alimento encontrado de verdad. Al que miente una vez, ya nadie le cree…

También otras especies de aves saben mentir descaradamente, por ejemplo, las golondrinas. Si el macho no encuentra a la hembra en el nido al volver, lanza un grito de alerta. La hembra piensa erróneamente que se avecina un peligro y regresa al nido por el camino más corto. El macho da una falsa alarma para impedir que la hembra le sea infiel en su ausencia. Sólo una vez puestos los huevos, ya no hay de qué preocuparse y los falsos avisos cesan.[20]

Otro testimonio que procede del reino de las aves autóctonas son los abundantes carboneros comunes, entre los que hay algún que otro

---

20. www.welt.de/print/wams/lifestyle/article13053656/Die-grossen-Schwindler.html, consultado el 19-10-2015.

embustero, ya que cuando se trata de comida cada cual arrima el ascua a su sardina. Los bellos animales de cabeza blanca y negra tienen un lenguaje ingenioso, con el que se alertan mutuamente de los enemigos. Uno de esos enemigos es el gavilán: una pequeña ave de presa parecida al azor que caza preferiblemente en jardines. Sean gorriones, petirrojos o carboneros comunes, todo es atrapado durante el vuelo veloz y consumido en el matorral más próximo. Un carbonero común, que ve venir el peligro de lejos, avisa a sus congéneres en un tono agudo. El gavilán no es capaz de oír este tono, por lo que puede poner a salvo inadvertidamente al clan entero de carboneros comunes; por el contrario, si el ave de presa está ya peligrosamente cerca, entonces se advierte en una frecuencia más grave. Ahora todos los carboneros comunes saben que el ataque del gavilán es inminente. También el atacante puede oír este tono más grave (ti-tee) y sabe al instante que su planeado ataque sorpresa ha dejado de ser sorpresa. Por eso acostumbra a irse de vacío cuando los carboneros comunes están sobre aviso. Sin embargo, algunos carboneros se aprovechan con descaro de este eficaz compañerismo. Si hay un alimento especialmente sabroso o éste es insuficiente, los pequeños mentirosos emiten asimismo el consabido tono de advertencia y los vuelos se ponen a cubierto –casi todos–. De esta suerte, el embustero puede entonces comer en paz, todo lo que quiera.

¿Y qué hay de las infidelidades? Esta forma de sexualidad también es una especie de engaño, pero sólo si el embaucador sabe lo que está haciendo. En las urracas macho puede observarse perfectamente. Los hermosos córvidos de plumaje negro y blanco son para algunos ciudadanos objeto de odio de primera magnitud, porque para su pollada apresan también crías de otras especies de pájaros cantores, con lo que juegan en la liga de la ardilla, como he referido ya. Me gusta imaginarme que las urracas son una especie en peligro de extinción.

Cómo celebraríamos su aparición, cuánto admiraríamos su vistoso plumaje verde y azul tornasolado en las zonas negras. Sin embargo, muchas personas carecen de ojos para esta belleza natural.

Pero volvamos a las infidelidades. Las urracas, al igual que otros córvidos, pueden formar parejas de por vida. Se establecen con su pareja en un territorio, que asimismo perdura muchos años. Se defienden con ímpetu de los congéneres, porque a todas luces ambos cónyuges desean evitar la infidelidad, ya que tras la puesta, cuando la reproducción básicamente ha culminado, el celo por los límites territoriales disminuye bastante. Pero incluso antes hay alguna que otra acción bastante hipócrita, por lo menos en el macho. Mientras que la hembra ahuyenta a los competidores invasores con agresividad, su pareja es un oportunista. Si su hembra está mirando o está dentro del alcance del oído, el macho también rechaza a las urracas hembra que se aproximan; por el contrario, si cree que no está siendo observado, se pone a cortejar con fervor a la nueva belleza.[21]

En cambio, hay otras estrategias del reino animal que no pueden calificarse de mentiras, aunque de tarde en tarde pueda leerse en la prensa lo contrario. Así, de los zorros dicen que, a diferencia del pavón diurno, son capaces de engañar conscientemente. Forma parte de su estrategia de caza hacerse los muertos, a veces incluso dejando que la lengua les cuelgue fuera. ¿Un cadáver al aire libre? Para eso siempre hay consumidores, principalmente córvidos. Aprovechan encantados una oferta opípara de carne, aun cuando sea un tanto sospechosa. En el caso de nuestro zorro está incluso fresca –¡demasiado fresca!–. Ya que cuando un invitado de plumas negras quiere dar buena cuenta, de pronto vuelve a verse entre los dientes de Reineke y acaba a su vez convertido en comida.[22] Se trata de una obra maestra del fingimiento y, sin duda, un engaño, pero ni mucho menos una patraña; ya que el embaucamiento atañe generalmente a miembros de la propia especie, a los que uno proporciona información falsa en su propio provecho. El zorro sólo sigue una estrategia de caza especialmente sofisticada, pero que no es moralmente sospechosa. Todo lo contrario que el gallo Fri-

---

21. www.ijon.de/elster/verhalt.html, consultado el 03-12-2015.
22. www.nationalgeographic.de/aktuelles/ist-der-fuchs-wirklich-so-schlau-wie-sein-ruf, consultado el 21-01-2016.

dolin o la urraca, que intenta ser infiel –en este caso, los respectivos congéneres allegados son conscientemente engañados.

Pero ¿qué significa moralmente sospechoso? A mí por lo menos me resulta conmovedor, pese a toda la astucia, lo polifacética que es la vida interior de los animales.

¡Detened al ladrón!

S i mentir está ya extendido entre los animales, ¿qué pasa con el robo? Para desentrañarlo, debemos buscar primero entre los animales sociales, porque, igual que con las mentiras, aquí también se trata de una valoración moral y ésta tiene unas implicaciones negativas sólo en el correspondiente comportamiento social para con los congéneres.

La ardilla gris americana es astuta en lo que a robos se refiere, pero veamos antes lo que por lo pronto provoca el animal. Y es que con el tiempo se ha convertido en un auténtico peligro para nuestra ardilla roja autóctona (y en ocasiones también para la negra y marrón). Un tal señor Brocklehurst, de Cheshire (Inglaterra), en 1876 soltó por compasión una parejita que estaba en cautividad, y durante los años siguientes un montón de amigos de los animales lo imitaron. Las ardillas grises dieron las gracias a sus libertadores con una diligente reproducción –tan diligente que han llevado a sus parientes europeos rojos al borde de la exterminación–. Las ardillas grises son más grandes y robustas, aparte de que están a gusto en cualquier bosque, sea de árboles caducifolios o de coníferas. Más peligroso aún para nuestras ardillas autóctonas es, sin embargo, un polizón que inmigró junto con las ardillas grises: la viruela. Mientras que las ardillas norteamericanas son en su mayoría inmunes al virus, nuestros animales rojos caen como moscas a causa de éste. Por desgracia, en 1948 también hubo liberaciones en el norte de Italia, por lo que desde entonces la ardilla gris marcha hacia los Alpes. Ignoramos si logrará en algún momento cruzar las montañas y hacer también su marcha triunfal en nuestros bosques.

A pesar de todo no quisiera tachar a los animales de parásitos; al fin y al cabo, no tienen la culpa de que los trajeran a Europa. Su superioridad se debe principalmente a su comportamiento, y aquí volvemos al tema de los «robos». Porque las ardillas a veces se procuran alimento saqueando las despensas invernales de sus congéneres. Puede que en muchos casos eso sea vital, como demuestra la infructuosa búsqueda en la nieve que observo cada invierno desde la ventana de mi despacho. El que no es capaz de acordarse de todas sus despensas, muere de hambre y, ante la duda, uno echa mano de los vecinos. Desconozco si nuestras ardillas autóctonas han desarrollado, en cambio, una estrategia, pero es lo que descubrieron los científicos en el caso de las ardillas grises. Un equipo de la Universidad Wilkes, de Filadelfia, observó cómo los animales construían despensas vacías. Lo hacían claramente para despistar a sus congéneres, sólo cuando se sentían observados. Se ponían a cavar un poco en la tierra y hacían como si estuvieran introduciendo algo. Según los datos de los científicos, era la primera prueba de maniobra de engaño en roedores. Hasta un 20 por 100 de los almacenes de existencias vacíos se construyeron en presencia de muchos esciúridos extraños. Los investigadores dejaron que, a modo de prueba, los estudiantes saquearan las despensas llenas y hete aquí que las ardillas grises reaccionaron enseguida y a partir de entonces recurrieron a la maniobra de engaño también en presencia de ladrones humanos.

También entre los arrendajos tiene lugar un gran hurto. Las aves son básicamente unas auténticas fanáticas de la seguridad: aunque en realidad pasarían la época invernal con menos comida, en otoño depositan hasta once mil bellotas y hayucos en el suelo blando del bosque. De este modo, las semillas oleaginosas no sólo se utilizan como provisión de emergencia hasta el próximo período vegetativo, sino que también se emplean en primavera para la cría de los polluelos. Y, sin embargo, por regla general es excesivo lo que las astutas aves almacenan. En sí es un formidable logro memorístico ver que los arrendajos vuelven a encontrar una por una las miles de despensas de un único picotazo. De las semillas no aprovechadas brotan luego pequeños árboles, de manera que también se vela por las generaciones venideras. En mi territorio aprovechamos la pasión recolectora de las aves para sembrar árboles jóvenes de hoja caduca en las antiguas y monótonas plantaciones de píceas. Además, se instalan semilleros sobre unos postes y se llenan de bellotas y hayucos. Los arrendajos se sirven encantados y distribuyen su botín en un radio de varios cientos de metros de tierra. Así ambos le sacamos algún partido: nosotros conseguimos en el territorio nuevos bosques caducifolios muy económicos y el arrendajo puede almacenar tranquila y muy fácilmente reservas ingentes para el invierno. Pero algunos años los robles y las hayas no florecen, y entonces las aves de colores tienen poco espacio. Si la población aumentó en las vacas gordas, se impone ahora una reducción, como exige la naturaleza miles de veces y sin piedad desde tiempos inmemoriales. Ahora bien, ¿quién morirá de hambre? Una parte de los animales migra en esos casos en dirección sur, mientras que la mayoría intenta sobrevivir en sus bosques ancestrales.

Al igual que en el caso de las ardillas, en semejantes épocas de escasez, los congéneres son observados mientras entierran sus tesoros a finales de otoño. Y como no hay quien pueda fijarse en esa tremenda cantidad de escondites, en invierno se puede vivir estupenda e inadvertidamente a costa de los laboriosos propietarios. Las aves son muy conscientes de esta técnica, como descubrieron los científicos de la Universidad de Cambridge. Con ese fin, pusieron distintos sustratos en la pajarera: algunos compuestos de arena, otros de gravilla. Mientras que la arena apenas hace ruido al excavar, los guijarros chacolotean traidoramente. Y justo eso tenían los arrendajos en mente a la hora de construir despensas. Si estaban solos en el recinto, les daba igual en qué tipo de suelo escondían los cacahuetes que se les ofrecían. Si la competencia los veía y oía cavar, entonces tampoco importaba dónde hurgaban. En el primer caso nadie podía enterarse de dónde estaba escondido el valioso botín, y en el segundo los pájaros tenían claro que el que viese los escondites había descubierto el secreto de todos modos. Sin embargo, si la competencia estaba fuera del alcance de la vista, pero sí al alcance del oído, los arrendajos se decantaban por la arena poco ruidosa; así era mucho más probable que los ladrones potenciales no se enteraran de la técnica. A su vez, los ladrones también actuaban con más sigilo: mientras que normalmente se comunicaban de forma ruidosa al ver a sus congéneres, al observar las operaciones de ocultamiento hacían mucho menos ruido –sin duda, para no delatar su presencia–.[23] Con ello quedaron dos cosas claras: el ave que construía su escondite era capaz de ponerse en el lugar de los congéneres presentes y tener en cuenta su restringido campo visual. Y el futuro ladrón planificaba su acción manifiestamente a largo plazo, conteniendo sus emisiones de sonidos para incrementar las posibilidades de un saqueo tranquilo de la despensa de cacahuetes.

Pero el robo entendido como sustracción consciente de una propiedad ajena no sólo se da en el seno de una especie. En invierno puedes detectar rastros de saqueos entre distintas especies en muchos bosques caducifolios. Allí hay, por un lado, hoyos de medio metro de profundidad en el suelo del bosque, provistos de grandes bloques de tierra levantada alrededor. Semejante revuelo sólo lo logran los jabalíes y siempre, además, en los llamados «años de engorde». Este término designa la fructificación masiva de hayucos y bellotas, lo que antes evidentemente era una bendición para la población campesina. Entonces podían llevar a sus cerdos domésticos al bosque y poco antes del sacrificio invernal volver a cebarlos en condiciones, con lo que se comían animales gordos y grasientos. Hoy en día, este apacentamiento en los bosques está prohibido (al menos en Europa central), pero el término se ha mantenido. Y los jabalíes, naturalmente, se limitan a hacer lo que sus parientes domesticados: acumular una gruesa capa de grasa. Pero con la bendición echada a perder y el suelo despejado, el

---

23. Shaw, R. C., Clayton, N. S. 2013: «Careful cachers and prying pilferers: Eurasian jays *(Garrulus glandarius)* limit auditory information available to competitors»., Proc. R. Soc. B 280: 20122238, http://dx.doi.org/10.1098/rspb.2012.2238, consultado el 01-01-2016.

estómago gruñón pide una segunda ración. Y ésta se halla bajo tierra. En ella han enterrado los ratones su parte de la cosecha en cámaras de almacenaje y pueden pasar el invierno a salvo. Incluso en los duros períodos de heladas, el hielo del suelo termina pocos centímetros por debajo del estrato del follaje, por lo que en la vivienda de los ratones siempre se está por lo menos a cinco grados. Unas hojas y un musgo mullidos, junto con una ubicación totalmente libre de corrientes de aire, hacen que aquí se viva estupendamente. Al menos cuando no merodea ningún jabalí. Los suidos grises tienen una nariz muy sensible y huelen las madrigueras de los pequeños roedores a metros de distancia. Saben por experiencia que los animalillos almacenan diligentemente hayucos u otras semillas, y que está todo bastante concentrado en un mismo sitio. Lo que para los ratones son unas provisiones gigantescas que duran varios meses, para los jabalíes no son más que un tentempié entre horas. Sin embargo, como los ratones suelen vivir en grandes colonias, unos cuantos refrigerios de éstos constituyen las calorías necesarias para un día frío. Así pues, los puercos salvajes excavan la tierra a lo largo de las galerías hasta reventar la despensa y poderla vaciar de unos cuantos bocados. A los ratones sólo les queda la huida y después un destino incierto, ya que en invierno la base alimentaria es sumamente escasa para todos aquellos que carecen de hogar. Si no pueden huir del jabalí bajo tierra, son devorados en el acto –a los puercos salvajes les gusta la carne con guarnición–. De esta forma, los ratones al menos se ahorran una larga muerte por inanición.

¿Y cuál es el punto de vista moral con respecto a esta técnica? El saqueo de despensas que hacen los jabalíes no es un auténtico robo; al fin y al cabo, al hacerlo no engañan a ningún congénere. Aunque los animales saben perfectamente que están saqueando las provisiones de los ratones, después de todo se trata de una técnica normal de la especie para procurarse alimento, si bien los ratones seguro que lo verían de otra manera.

¡Puro valor!

Si los animales funcionaran únicamente con un programa genético fijo, en igual situación todos los ejemplares de una especie tendrían que reaccionar también igual. Se liberaría una determinada dosis de hormonas, que luego generaría las correspondientes acciones instintivas. Sin embargo, la cosa no es así, como quizá sepas por los animales de compañía. Hay perros valientes y miedosos, gatos agresivos y muy apacibles, caballos asustadizos y extremadamente indiferentes. El carácter que cada animal desarrolla depende de su predisposición genética individual y, en especial, de la influencia de su entorno, es decir, de sus vivencias. Nuestro perro, Barry, era un pequeño gallina, sin ir más lejos. Como se ha mencionado anteriormente, antes de su llegada a casa había pasado ya por distintos dueños. Durante el resto de su vida tuvo miedo a ser abandonado y se ponía nerviosísimo cuando nos lo llevábamos a ver a la familia. ¿Cómo va a saber un perro que no volverán a deshacerse de él? Manifestaba su nerviosismo jadeando sin parar, de manera que finalmente preferimos dejar al animal enfermo del corazón un par de horas solo en casa. Luego, a nuestro regreso, constatábamos lo tranquilo que estaba Barry. Sordo por la edad, no se enteraba de nuestra llegada y seguía durmiendo a pierna suelta hasta que percibía las vibraciones del suelo de tarima producidas por nuestros pasos y nos miraba, medio dormido, con ojos entornados. Así pues, Barry era un ejemplo de desánimo, pero queríamos ver precisamente la cualidad opuesta, y para ello echaremos un vistazo al bosque.

Un valor extraordinario demostró un cervatillo que había saltado con su madre una valla para proteger los cultivos. Yo había hecho construir previamente esas vallas en terrenos en los que el huracán había derribado los monocultivos de píceas. Para dejar que en su lugar crecieran bosques lo más naturales posible, los obreros forestales plantaron pequeños árboles de hoja caduca, a los que había que proteger de los voraces hocicos de los herbívoros, y por eso hice levantar vallas alrededor de los cultivos. Dos metros de alto medían las alambradas, detrás de las cuales crecían plantones de roble y haya. Durante una tormenta posterior, una pícea cercana cayó sobre una de estas vallas y la tiró al suelo. A través del hueco accedieron directamente al paraíso unos corzos y la cierva en cuestión, junto con el cervatillo. Aquí no los molestaba ningún excursionista y podían abalanzarse tranquilamente sobre los sabrosos brotes de la codiciada variedad de árboles caducifolios. Para mí la cosa era bien distinta. La costosa valla era inútil tal como estaba, y el objetivo de volver a tener algún día hayales y robledos medio naturales se alejaba considerablemente. Así pues, crucé la valla tras ellos con mi pequeña münsterländer, Maxi, e intenté volver a echar a los intrusos. Con ese fin abrí una puerta en un ángulo de la valla, de manera que los animales empujados a lo largo del vallado pudieran escapar por esa esquina. Escaparían a la fuerza, puesto que Maxi se disponía a entrar en acción. La perra reaccionó a mi señal incluso a cien metros de distancia y se puso a correr de aquí para allá para husmear en todos los matorrales. El corzo que se había colado salió corriendo conmigo por la puerta, pero sólo para volver a pasar a rastras veinte metros más lejos por el diminuto agujero que había entre el suelo y la valla. Tampoco triunfamos con los ciervos, y en esta ocasión debido al cervatillo. La madre intentó hacerlo salir al galope, y Maxi los persiguió a toda velocidad en la dirección adecuada, pero es que lo del cervatillo pasó de castaño oscuro. Se volvió y corrió amenazante hacia la perra. Maxi solía ser muy valiente y no temía a casi nada;

sin embargo, que un cervatillo se abalanzara sobre ella era algo que no había experimentado nunca. Se detuvo, atónita, pero el cervatillo persistió en su ataque, así que Maxi al final huyó. Para mí el asunto estaba zanjado; a partir de aquel día los animales podían quedarse en el cultivo. Habían perdido el respeto al perro y no tuve más remedio que esbozar una sonrisa: yo tampoco me había topado nunca con una cría tan valiente. Muy valiente había sido, porque, en el fondo, le hubiera correspondido a su madre intervenir y alejar al agresor del cachorro.

Pero ¿qué es el valor, en realidad? Una vez más, hay definiciones diversas y, además, muy ambiguas de este término (prueba a definirlo tú mismo a bote pronto), pero por lo menos hay una tendencia clara: se trata de una acción que pese al peligro perceptible se considera importante y se lleva a cabo. A diferencia de la arrogancia, el valor se considera una cualidad positiva, y en este sentido seguro que el cervatillo actuó adecuadamente.

Igual de valientes son, dicho sea de paso, los ya mencionados zorzales reales, que incuban en los viejos pinos de nuestra casa del guardabosques. Cuando aparece una corneja negra, su enemigo ancestral, no se limitan a observar impasibles cómo ataca a sus polluelos. Nada más descender la temida ave sobre la colonia, la embisten en el aire, de hecho. Los tordos revolotean alrededor del intruso, considerablemente más grande, y durante un salvaje vuelo en picado lo empujan hacia abajo. A la corneja le sería muy fácil rehuir a los pequeños animales furiosos o incluso herirlos de gravedad. Pero los resueltos ataques acometidos, por lo general junto con otros congéneres, desconciertan a la corneja, de manera que inicia zigzagueantes maniobras de evasión. Éstas la llevan imperceptible (e intencionadamente por parte de los tordos) cada vez más lejos del nido y parecen, además, muy enervantes, ya que la corneja casi siempre emprende el regreso a los pocos minutos y desaparece de la zona de los viejos árboles. ¿Son, pues, valientes los zorzales reales? ¿O no hacen más que ejecutar un programa genético con el que reaccionan ante la aparición de un enemigo? Es una mezcla de ambas cosas y se da en cualquier situación similar, probablemente incluso en nosotros mismos. No todos los tordos reaccionan con tanta osadía y, sobre todo, con tanta obstinación. Hasta qué distancia se persigue a la corneja, o lo contundentes que son los ataques durante el vuelo en picado, es algo que se perfila de forma distinta en cada ave. Y mientras que algún que otro tordo miedoso alza el vuelo con poco entusiasmo, los valientes consiguen con brillantez golpear a la corneja en la huida durante varios centenares de metros.

Pero ¿están los menos valientes automáticamente en desventaja? Niels Dingemanse y su equipo del Instituto Max Planck de Ornitología tienen otra opinión. Analizaron a los carboneros comunes en busca de los correspondientes rasgos característicos y descubrieron que los individuos tímidos son más sociables con otros congéneres. No son amigos de peleas ni bandadas grandes, sino que prefieren vivir en grupos reducidos de afines. Las aves tímidas son más lentas y tranquilas, necesitan mucho tiempo para ponerse en marcha. Y así descubren cosas que a sus valientes y rápidos colegas les suelen pasar desapercibidas, como, por ejemplo, las semillas del verano anterior.[24] Por consiguiente, como los animales valientes y tímidos tienen tantas ventajas como desventajas, ambos rasgos han podido conservarse hasta hoy día.

24. Gentner, A.: «Die Typen aus dem Tierreich», *GEO* 02/2016, pp. 46-57, Hamburgo.

Blanco o negro

En principio, a muchas personas les interesan los sentimientos de los animales, pero este interés casi nunca abarca a todas las especies, sobre todo a aquellas que consideramos peligrosas o repulsivas. «Bien mirado, ¿para qué existen las garrapatas?». Me hacen a menudo esta pregunta y siempre me parece curiosa, porque yo no creo que ningún animal tenga ninguna misión especial en el ecosistema. ¿Te parece raro que diga esto un guardabosques? En mi opinión, semejante máxima manifiesta el respeto necesario a todos los seres.

Pero vayamos por partes. Aportemos primero más ejemplos, como las avispas. Estos insectos constructores de colonias son capaces de sacarnos de quicio a finales del verano, y yo también acabo en algún momento dado hasta las narices de las aguijoneadoras a rayas. Tal vez se deba a una experiencia juvenil. Iba bastante rápido en bici camino de la piscina cuando una avispa voló hacia mí y, como llevaba el viento en contra, se quedó enganchada entre mis labios. Si bien apreté los labios, no pude evitar que me picara unas cuantas veces, como una máquina de coser. Acto seguido, el labio inferior se me hinchó casi hasta reventar, lo que me dio verdadero miedo. Además, a esa edad uno no pisa precisamente fuerte en lo que a desfiguraciones físicas se refiere; en resumen, que desde entonces las avispas no son santo de mi devoción. Quizás hayas vivido algo similar, por eso no es de extrañar que puedan comprarse toda suerte de repelentes. Por ejemplo, los recipientes acampanados de cristal, que se llenan de un atrayente líquido dulce para atraer y a continuación ahogar a las avispas. Suena horrible, y lo es. Pero los insectos que pican se consideran básicamente inferiores, aquí hay poco margen para la reflexión.

Cambio de escena. Un repollo en el arriate elevado de una colega. En las carnosas hojas hay muchas orugas grasientas de la mariposa de la col. También ellas son seres perjudiciales que agujerean las hojas de repollo hasta la nervadura. Mi colega nos pidió consejo y le echamos una mano: hace ya años que el aceite de neem nos da buenos resultados. Desde que usamos este inocuo pesticida ecológico (que también está autorizado en las explotaciones biológicas), hemos conseguido que nuestros repollos lleguen a la cosecha. Pero el aceite ya no hizo efecto en el arriate y aquí es donde vuelven a intervenir las avispas. Se abalanzaban sobre las orugas y las troceaban a mordiscos, para transportar a continuación la presa al nido y dársela a sus crías hambrientas. Muy pronto la plaga había desaparecido. También en nuestra casa del guardabosques observamos algo parecido: la intensa «plaga de avispas» de verano daba lugar a hileras de coles libres de orugas. Así pues, ¿son las avispas beneficiosas?

Etiquetas similares han recibido la mayoría de los animales de todos nuestros jardines. Carboneros: beneficiosos (comen orugas), erizos: beneficiosos (comen caracoles), caracoles: perjudiciales (comen ensalada), pulgones: perjudiciales (succionan las plantas). Qué maravilla que para cada animal perjudicial haya también otros beneficiosos que los contengan. Pero si uno clasifica así la naturaleza, presupone automáticamente dos cosas: en primer lugar, que tiene que haber un plan de un creador, que todo lo ha armonizado con precisión, lo ha planificado con equilibrio y lo ha materializado. Y, en segundo lugar, que este creador ha organizado nuestro mundo de tal manera que ha sido totalmente adaptado a las necesidades de los seres humanos. En esta cosmovisión viene al caso, como es lógico, la pregunta de qué objetivo culmina una garrapata. No quisiera criticarlo; a fin de cuentas, este punto de vista lo difunden incluso las organizaciones para la conservación de la naturaleza, que favorecen a los animales beneficiosos, por ejemplo, mediante la construcción de casetas de anidación. Pero ¿de verdad es posible meter la naturaleza en semejantes cajones? De ser así, ¿en cuáles entraríamos nosotros?

No, yo creo que las vidas disparatadamente ubérrimas de millones de especies están tan bien sincronizadas porque otras especies demasiado egoístas, que explotan sin escrúpulos todos los recursos, desestabilizan primero el ecosistema y luego alteran éste y a sus habitantes de manera irrevocable. Semejante acontecimiento sucedió hace unos 2500 millones de años. En aquel entonces vivían muchas especies anaeróbicas, es decir, que no consumían oxígeno. Nuestro importante gas respiratorio era puro veneno para la vida de entonces. Un buen día, las cianobacterias empezaron a propagarse a una velocidad vertiginosa. Se alimentaban a través de la fotosíntesis y a su vez liberaban una sustancia residual en el aire: el oxígeno. Al principio éste era absorbido por los minerales, que, por ejemplo, contienen hierro, el cual se oxidaba. Pero en un momento dado hubo tanto excedente disponible que el aire se saturó cada vez más hasta que al final se rebasó un umbral letal. Muchas especies se extinguieron, el resto aprendió a vivir con oxígeno. Después de todo, nosotros somos los descendientes de esos seres que se aclimataron.

Pequeños ajustes hay, en principio, a diario. Lo que tenemos por un buen equilibrio armonioso, por ejemplo, entre presas y depredadores es, en realidad, una dura lucha con muchos perdedores. El lince que atraviesa su gigantesco territorio tiene ganas de comer corzos; aunque el felino no es un buen corredor y por eso debe contar con el efecto sorpresa. Con especial facilidad se dejan apresar los desprevenidos e incautos herbívoros, entre los que aún no se ha difundido la presencia de enormes félidos. El lince puede comerse tranquilamente un corzo por semana, pero sólo hasta que todos los demás estén prevenidos. Entonces el pánico reina en el bosque al menor chasquido y los propios animales de compañía se vuelven recelosos. Como me contó un colega, su gato es el primero en acusar la presencia de un lince en el territorio. Entonces el gato ya no se atreve a ponerse delante de la puerta, según me contó el guardabosques. Naturalmente, tampoco supo decirme quién le había contado al gato lo del lince. Tal vez sea el comportamiento de todas las potenciales presas lo que genera un ambiente fantasmagórico de desconfianza en el bosque. Eso lleva a que el lince haga diana cada vez con menos frecuencia, de manera que se ve obligado a proseguir su camino. Sólo a unos cuantos kilómetros, en una zona nueva de inocentes, puede volver a cazar tranquilamente. Sin embargo, si en la misma área hay demasiados linces, en algún momento deja de haber presas ingenuas. Precisamente en invierno, con las bajas temperaturas y el consiguiente aumento de las necesidades energéticas, muchos linces mueren de hambre, sobre todo los inexpertos cachorros. También cabría decir que la población se regula por sí sola, pero, al fin y al cabo, mueren seres vivos y, a decir verdad, de forma bastante cruel.

Así pues, la naturaleza no es un armario con cajones, no hay especies esencialmente buenas o malas, como ya hemos visto también con la ardilla. Pero nos es mucho más fácil empatizar o por lo menos despertar nuestro interés por ésta que por la garrapata mencionada al inicio del capítulo. Y, sin embargo, también estas criaturillas repugnantes tienen sentimientos, cosa que cuando menos pudo comprobarse empíricamente con impulsos tan simples como el hambre. Porque sólo cuando el estómago gruñe se mueren los pequeños arácnidos por la sangre de los mamíferos. El estómago vacío tiene que ser desagradable, sobre todo si no se ha vuelto a llenar en casi un año –tanto aguantan las garrapatas hasta la siguiente comida en el peor de los casos–. Pero si aparece un animal grande caminando pesadamente, notan la vibración y huelen también el sudor y demás olores. Enseguida estiran las patitas delanteras y con un poco de suerte pueden agarrarse de las patas o del cuerpo que pasa por delante y montarse encima. A continuación, las garrapatas se arrastran hasta una zona de piel fina y calentita, y ahí muerden. Con su morro se adhieren a la herida y chupan la sangre que sale. De esta manera, los pequeños vampiros pueden multiplicar su peso corporal y se hinchan en forma de guisante. Tienen que pasar por tres fases de muda, antes de cada una de las cuales deben encontrar una nueva víctima en la que repostar –por eso la transición a la edad adulta puede prolongarse hasta los dos años–. Llegadas a ese punto, los machos, más pequeños, y las hembras, más grandes, están tan henchidos de sangre que casi revientan, y ya sólo falta el final. Los machos deben aparearse. ¿Deben? ¡Quieren! Al igual que nosotros, también ellos están gobernados por los impulsos, y buscan ávidos una pareja para aferrarse a ella y tener una oportunidad. Posteriormente –en esto, por suerte, no hay más paralelismos– mueren. La hembra aún vive por lo menos suficiente para poner hasta dos mil huevos. Luego también fallece.

A los animales cuya mayor dicha o –como eso aún no puede demostrarse– cuando menos el apogeo de cuya existencia consiste en aportar miles de crías y luego morir absolutamente exhaustas, los tacharíamos de abnegados si se tratara de mamíferos. De momento, la emoción humana que reservamos a las garrapatas no es más que el asco, por desgracia.

Abejas calientes, ciervos fríos

¿Quién no sabe esto de la clase de biología? El mundo animal, además de todas las diversas subdivisiones, se divide en temperatura constante y temperatura variable –sí, de nuevo nos topamos con cajones y te darás cuenta de que éstos tampoco encajan bien–. Pero volvamos primero a la clasificación científica. Los animales de temperatura constante regulan por sí solos su temperatura corporal y la mantienen constante; el mejor ejemplo de ello somos nosotros, los humanos. Si tenemos frío, nuestros músculos empiezan a tiritar, generando así el calor necesario, si tenemos demasiado calor, sudamos y producimos enfriamiento por evaporación. Los animales de temperatura variable, para bien o para mal, dependen, en cambio, de la temperatura exterior: si hace demasiado frío, se acabó la movilidad. Por eso en invierno, me encuentro siempre moscas entre la leña que ya no pueden despegar. Es verdad que avanzan a cámara muy lenta por los leños, pero es todo lo que pueden hacer con temperaturas bajo cero. Desvalidas, deben confiar en que no las detecte ave alguna en la estación fría del año. Es lo que les pasa a todos los insectos. ¿A todos? No, a mis abejas (y todas las demás) no.

Antes no me gustaban las abejas, en general. Entablar una relación con los insectos es difícil, y si luego encima te pican, el rechazo surge casi automáticamente; además, raras veces tomo miel. Erróneas premisas, pues, para un apicultor, pero en eso me he convertido con el paso del tiempo. En el fondo, fue sólo por la cosecha de manzanas –en nuestros árboles frutales apenas se dejaban ver abejas en primavera–. Para cambiarlo, en el año 2011 compré dos colonias. Desde entonces la polinización funciona de maravilla y hay miel en abundancia, pero principalmente he aprendido que las abejas se diferencian de otros insectos en varios aspectos. En realidad, son animales de temperatura constante. Ésa es también la principal razón de su afán recolector. El néctar, convertido en miel y almacenado en los panales, sirve de reserva de combustible para el invierno; y es que a las abejas les gusta la calidez agradable. Su temperatura ideal está entre los 33 y los 36 °C, es decir, apenas inferior a la de los mamíferos. En verano eso no es ningún problema, todo lo contrario: hasta cincuenta mil individuos, trabajando con sus músculos, generan un calor considerable que hay que disipar laboriosamente para que la colonia no se sobrecaliente. Para ello las obreras llevan a casa agua de la charca más cercana y dejan que se evapore dentro. La circulación del aire se lleva a cabo mediante miles de aleteos, que dan como resultado una corriente refrescante entre los panales. Sólo si se produce una gran alteración, el esfuerzo conjunto falla. Ante ataques del exterior o durante el transporte inadecuado de las cajas de un lugar a otro, las abejas agitadas se calientan tanto que los panales se derriten y los animales mueren de calor. *Verbrausen* («bullir») se llama el fenómeno dentro del argot y la expresión deriva del fuerte aleteo de la colonia, que presa del pánico provoca su propia destrucción.

Sin embargo, normalmente el arreglo es perfecto. Durante gran parte del año más bien hace demasiado frío y la producción de calor es prioritaria. El temblor muscular implica consumo de calorías y la energía necesaria se ingiere en forma de miel, que, al fin y al cabo, no es más que una solución de azúcar altamente concentrada y espesa, mezclada con vitaminas y enzimas, de la que principalmente en invierno se consumen al mes más de tres kilos por colonia. De forma similar a la acumulación de grasa de los osos, la reserva disminuye de forma continua y también la colonia se reduce tremendamente.

Si hace demasiado frío, los insectos se acurrucan unos contra otros y forman un racimo. En la parte interna es donde hace más calor y se está más protegido –es lógico que la reina deba estar aquí–. ¿Y las abejas que están en la parte externa? Por debajo de 10 °C de temperatura exterior se morirían de frío a las pocas horas, de modo que son amablemente relevadas por los congéneres que se hallan en la parte interna y pueden volver a entrar en calor en los cuadros más céntricos.

Así pues, los insectos ni mucho menos son siempre de temperatura variable, como demuestran claramente las abejas. Que los mamíferos, a su vez, no siempre son de temperatura constante, ya te lo habrás imaginado. Ciertamente, el mantenimiento de una temperatura corporal constante se considera el rasgo principal de los mamíferos (y aves). Ciertamente. Pero el pequeño erizo pone de manifiesto que no hay regla sin excepción. Mientras que la ardilla, de tamaño similar, también con nieve hace algunos días cabriolas en las ramas, el habitante espinoso que vive debajo del suelo se pasa toda la estación fría durmiendo. Sus púas no le aíslan tan bien como el grueso pelaje de los esciúridos, de ahí que consuma mucha energía cuando las temperaturas caen. Además, su alimento favorito, escarabajos y caracoles, también se esfuma y desaparece del suelo. ¿Qué mejor que hacer también un descanso? Con ese fin, los espinosos bichejos se aovillan cómodamente en un acogedor y mullido nido, que suelen construir bien enterrado en un montón de hojarasca o de ramas secas. Aquí se sumen en un profundo sueño de varios meses. A diferencia de muchas otras especies, entonces ya no mantienen su temperatura corporal de 35 °C, sino que interrumpen el acopio de energía. En consecuencia, el calor corporal desciende parejamente a la temperatura ambiente, en ocasiones de hasta 5 °C. La frecuencia cardíaca se ralentiza pasando de hasta doscientos latidos a sólo nueve por minuto, y también las respiraciones se reducen de cincuenta a cuatro por minuto. Con ello, el animal apenas consume energía y con sus reservas llega hasta la siguiente primavera.

Los erizos no tienen ningún problema con el frío, todo lo contrario. Mientras haga un frío punzante, la estrategia descrita funciona a las mil maravillas. Sólo las temperaturas invernales por encima de los 6 °C son muy peligrosas, porque entonces el erizo se activa de manera paulatina y el sueño profundo se convierte en una duermevela en la que el animal consume claramente más energía, aunque aún no puede reaccionar. Si estas condiciones meteorológicas perduran, algunos durmientes mueren de hambre. Sólo a partir de los 12 °C el erizo vuelve a estar verdaderamente activo y podría comer algo, de encontrarlo –las presas continúan en sus escondrijos de invierno–. Por suerte, algunos de los madrugadores en semejantes situaciones son encontrados y atendidos en centros de recuperación.

¿Y con qué sueña un erizo durante la hibernación? En la fase de sueño realmente profundo el metabolismo apenas funciona, y, por ende, es probable que tampoco haya sueños, ya que al soñar el cerebro consume mucha energía, porque está muy activo. Así pues, sin metabolismo a buen seguro no hay cine interior. Pero ¿qué pasa con la duermevela por encima de los 6 °C? En caso de que en ese momento el erizo pueda soñar (después de todo, entonces el consumo energético aumenta), quizá las imágenes parezcan pesadillas de las que uno quisiera despertar, pero no lo consigue. En cualquier caso, la situación es mortal y tal vez el animal lo intuya al dormitar y luche desesperado por la conciencia plena. Pobres bichejos, porque, por desgracia, el cambio climático causará más períodos invernales cálidos semejantes.

Las ardillas lo tienen un poco mejor, aunque sólo en lo que respecta a los sueños. No hibernan propiamente, sino que dormitan tan sólo dos o tres días seguidos antes de volver a despertarse y tener hambre. Es verdad que los latidos del corazón descienden durante esas pausas, de manera que se consumen menos calorías, pero la temperatura corporal sigue siendo alta. Por eso necesitan con regularidad alimentos altamente energéticos en forma de bellotas y hayucos –de no haber o no encontrar, los animales mueren de hambre–. Mucho más parecida al erizo es, en cambio, la estrategia de los ciervos, ya que, curiosamente, también son capaces de reducir la temperatura corporal de las extremidades. Lo hacen siempre en el transcurso del día, de manera que su descanso invernal nada más dura unas cuantas horas. De todos modos, así reducen el consumo de una valiosa grasa corporal. Pese a las bajas temperaturas exteriores el metabolismo es entonces alrededor de hasta un 60 por 100 más lento que en verano.[25] Sin embargo, ahora surge otro problema: la digestión de alimentos requiere un metabolismo que funcione a toda máquina. Por lo general, el invierno tampoco transcurre totalmente sin ingesta de alimentos. Si el ciervo come, para digerir suele necesitar más energía de la que le proporciona el alimento. De ahí que la alimentación del venado por parte de los cazadores lleve, paradójicamente, a que los animales mueran de hambre en masa. Es lo que sucedió en mi zona natal, Ahrweiler, donde en el año 2013 estalló un clamor entre los cazadores, porque, contraviniendo la ordenanza territorial, les habrían dado aún más cantidad de comida –sea como fuere, murieron de hambre casi cien ciervos–. Probablemente algunos hubiesen sobrevivido de no haber sido forzados a realizar esfuerzos técnicos de digestión mediante el obsequio de heno y nabos. Por eso, por naturaleza, en la estación fría del año los animales viven principalmente de la grasa corporal que han acumulado en otoño.

En algún momento dado me asaltó la pregunta de si a lo mejor en invierno los ciervos pasan hambre constantemente –no era una idea grata–. Estar en la nieve fría con el estómago rugiendo y, además, las extremidades considerablemente heladas, seguro que es muy desagradable, por lo menos para los humanos. Con el tiempo se ha demostrado que las sensaciones de hambre en los animales no son posibles. El hambre es un impulso del subconsciente, que exige ingerir alimento de inmediato. Y esta sensación sólo puede despertar el instinto de comer cuando el acopio de calorías es pertinente. Fijémonos, por ejemplo, en el asco: aunque tengas hambre, despreciarás el alimento si éste huele a podrido. Tu subconsciente interrumpe entonces el hambre temporalmente y lo reemplaza por la determinación absoluta de no

25. Turbill, C., y otros: «Regulation of heart rate and rumen temperatura in red deer: effects of season and food intake», *Journal of Experimental Biology* (2011), 214 (parte 6), pp. 963-970.

probar siquiera la comida ofrecida. Se desconoce si en el caso del ciervo de lo que se trata es de un rechazo a los brotes y la hierba seca o únicamente de una sensación de saciedad. De todos modos es sabido que en invierno los animales sienten menos hambre pese al ayuno, porque en definitiva es mejor para su equilibrio energético.

Sin embargo, el mecanismo descrito del descenso de temperatura y la ralentización del metabolismo no funciona igual de bien en todos los ciervos. También depende del carácter y éste determina, en última instancia, la jerarquía y el rango dentro de la manada. En el caso del venado, justamente en invierno las personalidades fuertes se exponen a extraordinarios peligros. Al guiar a la manada, tienen que estar siempre atentos. Eso mantiene su frecuencia cardíaca en un nivel elevado —y con ello, también, el consumo energético—. Es verdad que los animales líderes tienen acceso preferente a las zonas donde hay alimento, pero de poco les sirve eso. El escaso alimento invernal a base de hierba seca y cortezas no les aporta suficientes calorías, de manera que las reservas de grasa se absorben y en una cantidad sustancialmente mayor que en los congéneres de menor rango jerárquico. Estos dormitan sumisos durante las frías noches de invierno, es cierto que comen menos que su líder, pero también consumen mucha menos energía —y cuando termina el invierno tienen, por lo tanto, más reservas que su superior—. Así pues, de acuerdo con lo descubierto por los investigadores vieneses, que han llegado a esta sorprendente conclusión en zonas de observación acotadas, estar a la cabeza de la manada reduce las posibilidades de supervivencia, aunque uno pueda servirse el primero dondequiera. Según los científicos, en adelante se tendrían que tener mucho más en cuenta la historia individual y la personalidad de un animal y menos el promedio de una especie; al fin y al cabo, la evolución funciona exactamente así: a partir de las desviaciones de la norma.[26]

La temperatura variable y la temperatura constante son, pues, dos categorías que se entremezclan con fluidez. ¿Qué pasa entonces con el

---

26. «Persönlichkeitsunterschiede: Für Rothirsche wird soziale Dominanz in mageren Zeiten ganz schön teuer», Presseinformation der veterinärmedizinischen Universität Wien, del 18-09-2013.

frío? El frío es una sensación que le indica al cuerpo que su temperatura cae de forma alarmante y hay que tomar medidas para contrarrestarlo. En los humanos, el límite está en una temperatura corporal inferior a los 34 °C. Ya antes empezamos a tiritar y procuramos desplazarnos a zonas más calientes. A nuestros caballos les sucede lo mismo: en los días húmedos y ventosos de invierno tiembla sobre todo Zipy, la yegua de más edad, y busca protección en el refugio del pastizal. Como tiene menos masa grasa y muscular que su compañera, su cuerpo, pese al pelaje de invierno está, pues, peor aislado, y a veces no es suficiente. Entonces le ponemos una manta calentita encima hasta que el temblor cesa y el caballo vuelve a estar bien. Para Zipy el frío es a todas luces tan desagradable como para nosotros.

Pero ¿qué hay de los insectos? Su temperatura corporal oscila a compás de la temperatura del aire, no existe un mecanismo para mantener un grado determinado. En otoño, los animales se esconden bajo tierra o debajo de las cortezas de los árboles, y en los tallos de las plantas para no pasar tanto frío. A fin de que el hielo de sus células no los haga reventar, almacenan sustancias como la glicerina. Eso impide la formación de cristales más grandes y afilados. ¿Cómo lo perciben? ¿Seguro que esas especies tienen sensación de frío? Cuando contemplo a las ranas y los sapos, que a finales de otoño saltan en la charca helada para dormitar en el fondo del agua, no concibo que se congelen de frío. A nosotros el agua fría nos resulta tan desagradable porque disipa nuestro calor corporal mucho mejor que el aire. Pero si la temperatura corporal es igual a la de la charca, un salto dentro de ésta no puede ser malo. Vamos, que los sapos más bien no se congelan allí dentro.

Pero ¿de verdad los insectos, lagartijas o serpientes no tienen sensación de calor? Es algo que no me cabe en la cabeza; al fin y al cabo, en primavera a los animales les gusta buscar lugares soleados. Cuanto más calientan sus pequeños cuerpos, más deprisa son capaces de moverse. Es decir, que perciben el calor como algo positivo, una circunstancia que, por ejemplo, a los luciones les cuesta cara, ya que las carreteras se calientan especialmente deprisa con la luz del sol. El asfalto acumula el calor y por las noches incluso aún lo emite, de manera que aquí pueden recuperar fuerzas; a menos que un coche arrolle a los pequeños amantes del sol, cosa que por desgracia sucede muy a menudo. Dramas aparte, está claro que también los animales de temperatura variable alguna sensación de temperatura tendrán, pero cabe dudar que sea como la nuestra.

Inteligencia de enjambre

Los insectos que forman colonias siguen un reparto de tareas. Los científicos acuñaron muy pronto el término «superorganismo», por el que cada individuo no es más que parte de un gran todo. En el bosque, las hormigas rojas son el clásico exponente de esta tendencia. Construyen inmensas cúpulas; la más grande que he encontrado en mi territorio tenía un diámetro de cinco metros. En el interior hay generalmente varias reinas que ponen huevos, manteniendo así la colonia, que son cuidados por hasta un millón de obreras. La última de las llamadas castas sociales son los machos alados, que para aparearse con las reinas vuelan fuera del nido y luego mueren. Las obreras gozan de una vida extraordinariamente larga para ser insectos, de hasta seis años, pero las reinas lo eclipsan con creces llegando hasta los veinticinco. Aunque no textualmente, ya que una colonia de hormigas así necesita sol para llegar a la temperatura operativa; por eso conoce bien los bosques claros de coníferas.

Las hormigas rojas pudieron proliferar en Europa central mucho más allá de su hábitat natural con el cultivo preferencial de píceas y pinos. Que fueran protegidas se debe menos a su rareza que a su reputación de «policías del bosque». Se dice que ayudan a los guardas forestales a deshacerse de animales latosos y perjudiciales como los escarabajos de la corteza o las orugas de mariposa, cosa que a los insectos rojos y negros, evidentemente, no les interesa lo más mínimo. Además de las mencionadas, también comen, por supuesto, especies protegidas y muy raras –no conocen nuestras categorías de animales beneficiosos o perjudiciales–. Pero eso no disminuye en absoluto la fascinación que suscita semejante colonia de animales.

Sus parientes, las abejas, viven de forma parecida y han sido especialmente bien investigadas. Tienen asimismo un riguroso reparto de tareas que se les adjudica al nacer. Estaría la reina, que se desarrolla a partir de una larva fecundada normalmente. Mientras que otras crías de abeja son alimentadas con una mezcla de néctar y polen, las larvas de las que algún día ha de salir una reina reciben una sustancia especial: la jalea real. Se produce en las glándulas hipofaríngeas de las obreras, y mientras que las larvas normales se convierten a los 21 días en un insecto adulto, la turbodieta a los 16 días forma ya una nueva reina. Ésta sólo viaja una vez en su vida: para el vuelo nupcial en el que se aparea con los zánganos, las abejas macho. De regreso a la colonia, dedica el resto de su vida (de cuatro a cinco años) a poner hasta dos mil huevos al día, labor nada más interrumpida por una breve pausa invernal. Las obreras a su vez trabajan duramente durante toda su corta vida. Así pues, en los primeros días después de la eclosión se ocupan de alimentar a las larvas, a la semana y media también de almacenar y transformar el néctar en miel. Sólo a las tres semanas escasas pueden salir a los prados y campos para recolectar miel durante otras tres semanas. Luego están agotadas y mueren. Únicamente las abejas de invierno, que esperan a la siguiente primavera bien arracimadas alrededor de la reina, viven algo más. A su vez, los zánganos sólo tienen la misión de fecundar a la reina y, como eso ocurre una única vez y son muy pocos los que tienen la oportunidad de hacerlo, vagan ociosos casi todo el tiempo.

Por lo tanto, todo está perfectamente preprogramado, hasta los procesos más insignificantes. Las abejas transmiten mediante danzas en el interior de la colmena información sobre las fuentes de néctar y su distancia, transforman el néctar en miel, añadiéndole sustancias de las glándulas hipofaríngeas y secando la mezcla en sus diminutas lenguas. Segregan cera y con ella dan forma a artísticos panales. Si bien es cierto que este rendimiento ha sido valorado por la ciencia, como, en su opinión, unos cerebros de insecto tan pequeños es imposible que puedan alcanzar el máximo de su potencial, lo desdeñan todo diciendo que es una especie de superorganismo. Calificaron el rendimiento cognitivo de inteligencia de enjambre. En semejante organismo, todos los animales interactúan de tal manera que sus capacidades se interrelacionan como las células de un cuerpo mucho más grande. Mientras que un solo individuo se considera relativamente tonto, la interacción de los diversos procesos, así como la capacidad de reacción a los estímulos del entorno, pueden calificarse, en definitiva, de inteligentes. Con semejante punto de vista, al individuo se le priva de su individualidad, siendo reducido a un componente, una pieza del puzle. Tiene su lógica que en el antiguo argot de los apicultores a la colmena se le llame también el «Bien» (*Biene* en alemán significa «abeja»), con lo que se hace referencia a la colmena como un único ser.

Pero cómo veamos los humanos esto, a las pequeñas aviadoras les da completamente igual, y desde que tengo abejas también sé que este punto de vista es erróneo, porque en esas cabecitas pasan muchas más cosas. Como que las abejas son perfectamente capaces de recordar a las personas: quien las incordia, es atacado; quien las deja en paz, puede acercarse ostensiblemente más a ellas. El profesor Randolf Menzel, de la Universidad Libre de Berlín, ha descubierto cosas totalmente distintas y asombrosas: las abejas jóvenes que abandonan la colmena por primera vez utilizan el sol como una especie de brújula. Con su ayuda elaboran un mapa interno alrededor de su hogar y memorizan sus rutas de vuelo: en suma, tienen una idea de cómo es lo que las rodea.[27] Así pues, se parecen a nosotros en la orientación, ya que semejante mapa interior lo tenemos también los humanos. Pero eso no fue todo. Mediante la danza de la cola, que las obreras llevan a cabo a su regreso delante de sus pares, indican la productividad, la dirección y la distancia de la fuente de néctar; un exuberante campo de colza en flor, por

---

27. «Wenn Bienen den Heimweg nicht finden», nota de prensa n.º 092/2014, del 20-03-2014, Universidad Libre de Berlín.

ejemplo. Randolf Menzel y sus colaboradores se encargaron de retirar la fuente de néctar. A continuación, las frustradas abejas volvieron a la colmena y obtuvieron nuevas coordenadas a través del baile de otras obreras que habían descubierto flores en otro sitio. Pero los investigadores eliminaron también esta segunda fuente, lo que conllevó más regresos frustrados. Sin embargo, Menzel observó algo muy distinto: había abejas que probaban por segunda vez en el primer sitio y, al darse cuenta de que allí seguía sin haber nada que recoger, volaban directamente al segundo sitio. Pero ¿cómo cuadra eso? Mediante la danza de la cola únicamente habían sido informadas de la distancia y la dirección desde la colmena. La única explicación es que los animalillos emplearan la información del segundo sitio con lógica para encontrarlo a partir del primero.[28] Podría decirse también que lo han memorizado, pensado y que luego han trazado una nueva ruta. La inteligencia de enjambre, sinceramente, de poco les sirve para esto; no, es su propia cabecita la que genera esos pensamientos. Y otros, ya que planificando el futuro, reflexionando sobre las cosas que aún no ha visto, percibiendo su cuerpo en este contexto, es consciente de sí misma. «La abeja sabe quién es», dice Randolf Menzel.[29] Y para eso no necesita enjambre alguno.

28. Klein, S.: «Die Biene weiß, wer sie ist», *Zeit Magazin*, n.º 2/2015, 25-02-2015, www.zeit. de/zeit-magazin/2015/02/bienen-forschung-randolf-menzel, consultado el 09-01-2016.
29. Klein, S.: «Die Biene weiß, wer sie ist», *Zeit Magazin*, n.º 2/2015, 25-02-2015, www.zeit. de/zeit-magazin/2015/02/bienen-forschung-randolf-menzel, consultado el 09-01-2016.

Intenciones ocultas

Si las abejas saben quiénes son y planifican su futuro, ¿qué pasa entonces con las aves o los mamíferos? Al observar a los animales me pregunto siempre si básicamente los individuos en cuestión experimentan sus acciones de manera consciente. Para un lego –y eso soy yo pese a toda mi dedicación a este tema– es algo muy difícil de averiguar. No quisiera recurrir meramente a estudios, sino ser testigo de cómo piensa tal o cual animal. Puede que suene un poco ambicioso, puesto que algo así incluso en los humanos es difícilmente constatable a partir de la mera observación. Sin embargo, durante una conversación a la mesa del desayuno, mis hijos me hicieron recordar que algo semejante había experimentado ya por lo menos por un breve instante.

Les hablé de la corneja que todas las mañanas nos espera en la pradera de los caballos. El ave negra se queda siempre cerca junto con unos cuantos congéneres y probablemente tenga su territorio en el entorno. Como, por desgracia, todavía se puede cazar y disparar a las cornejas, los inteligentes animales son muy recelosos con los humanos y normalmente se mantienen a una distancia prudencial de alrededor de cien metros. Pero las cornejas de la pradera con el tiempo han ido acostumbrándose a nosotros y consideran que treinta metros son suficientes; excepto una, que poco a poco se ha ido amansando. En un día bueno nos deja acercarnos hasta a cinco metros de distancia, y es algo que nunca deja de enternecernos. Hablamos con ella y siempre recibe un poco del grano echado en el comedero con postes, que está junto a la puerta del pastizal. ¡Ajá, comida! No, no es una mansedumbre sin reservas, no es la curiosidad por nosotros lo que hace que esta corneja nos tenga tanto apego. Sí, sabe que nuestra aparición implica comida, pero, a pesar de ello, el animal es una alegría diaria; es cuestión de no poner el listón emocional tan alto, y también está bien así. Gracias a eso, la susodicha mañana observé algo que al principio me hizo gracia. Estábamos en diciembre, la pradera estaba reblandecida tras semanas de precipitaciones, de manera que cada paso con las pesadas katiuskas salpicaba barro. No siempre es divertido dar de comer así a los animales, sobre todo cuando un viento lateral te sopla llovizna en la cara. Sea como sea, los caballos ya estaban esperando su ración matutina de forraje, y ya se sabe que el ejercicio al aire libre siempre es beneficioso. Para que la yegua más joven no vaya directa a soplarle a la mayor su porción, tengo que esperar e intervenir cuando Bridgi quiere acercarse a Zipi y apropiarse de su comida. Por lo general, basta con mi mera presencia para que la más joven se porte bien, y durante los minutos en que los caballos desayunan tengo tiempo para contemplar el paisaje. O a la corneja.

Aquella mañana vino volando desde el bosque cercano, hacía ya rato que había atisbado mi silueta enfundada en una chaqueta verde y naranja con el cubo de forraje blanco en la mano. Pero en vez de volar directamente a su puesto de avistamiento, un poste cerca del comedero, aterrizó primero a veinte metros de distancia en la pradera. Enseguida me di cuenta de que llevaba algo en el pico, y entonces lo vi: una bellota. La corneja intentó esconder su manjar y excavó para ello un agujero en la tierra. A continuación, introdujo la bellota dentro y arrastró un manojo de hierba sobre el agujero. Me maravilló el camuflaje perfecto, y luego la corneja se volvió hacia mí. ¿Se apercibió de que yo la había observado? Acto seguido extrajo de nuevo la bellota de su escondite y empezó otra vez a excavar un agujero en la tierra. ¿Uno? No, varios, y en cada uno hacía que metía la bellota dentro. Únicamente en el último desapareció el fruto, y el ave estaba satisfecha; al fin y al cabo, le había costado mucho engañarme e impedir la ingesta de su alimento favorito. Sólo entonces se acercó la corneja volando y se posó en el poste para comerse la pequeña porción de forraje.

Cuando luego conté la simple anécdota en casa durante el desayuno, mis hijos me dijeron que bien podía ser un bonito ejemplo del pensamiento a largo plazo. ¡Entonces lo vi claro! Me había divertido viendo todo el rato cómo el animal escondía la comida delante de mí y en sí eso es un rendimiento extraordinariamente inteligente. Después de todo, el animal tenía que pensar qué podía haber visto yo y cómo, pese a la visibilidad de sus esfuerzos, podía esconder la bellota de forma que me despistase. Pero la corneja había pensado delante de mis ojos en otra cosa muy distinta. También el estómago de una corneja tiene sólo una capacidad limitada y, evidentemente, después de comerse la bellota el hambre habría sido saciada. Claro está que aun así podría haber volado hasta el forraje ofrecido, pero con el estómago lleno a lo sumo lo hubiera llevado al escondite de alimentos. Sin embargo, esconder granos sueltos es muy trabajoso, y por eso, pese al hambre, el ave había puesto primero la gran bellota a buen recaudo y luego había volado hasta el poste para llenar tranquilamente el estómago. Acto seguido, fue hacia sus camaradas del prado de al lado y estoy seguro de que fue a buscar la bellota en otro momento. Fue una planificación temporal perfecta para aprovechar de manera óptima el forraje ofrecido, y para ello la corneja tuvo que considerar mentalmente el futuro. Me pareció un bonito aliciente para, en adelante, fijarme aún más cuando observe a los animales y sobre todo reflexionar más en profundidad, si cabe, sobre lo que he visto realmente. Y quién sabe, tal vez tú también te hayas topado con experiencias semejantes y ahora puedas descifrarlas *a posteriori*.

Las tablas de multiplicar

En mi libro *La vida secreta de los árboles* referí que los árboles saben contar. En primavera recuerdan el número de días cálidos por encima de los veinte grados, y sólo cuando han superado cierta cantidad empiezan a echar hojas. Así que, si estas enormes plantas son capaces de hacerlo, debería ser una suposición palmaria que los animales también saben. De todos modos, el deseo de los humanos de que así sea existe desde hace tiempo. No han dejado de llegarnos testimonios sobre animales prodigio, como Hans el Listo *(der kluge Hans)*. El semental era capaz de deletrear, leer y hacer operaciones matemáticas; eso afirmaba en todo caso su dueño, Wilhelm von Osten, que en 1904 convirtió al caballo en atracción del público en Berlín. Una comisión de investigación del Instituto Psicológico confirmó las aptitudes, pero sin hallarles explicación. El embrollo acabó por destaparse, puesto que el propietario hacía unos cabeceos imperceptibles a los que Hans el Listo reaccionaba. En cuanto Von Osten desaparecía del campo visual del semental, también se evaporaban las aptitudes.[30]

A finales del siglo xx aumentaron unos hechos categóricos que cuando menos confirmaron la capacidad para contar de muchas espe-

---

30. www.tagesspiel.de/berlin/fraktur-berlin-bilder-aus-der-kaiserzeit-vom-pferd-erzaehlt/10694408.htmal, consultado el 02-09-2015.

cies animales, aunque ésta consistía generalmente en el forraje y el cálculo de una cantidad mayor o menor. Atribuir algo así a los animales me parece banal. A la hora de elegir entre mucho y poco es preferible tomar más –¿no es eso un mecanismo ineludible de la evolución?–. Mucho más interesante es, sin embargo, la cuestión de si realmente es posible contar.

Quizá nos aproximemos a la respuesta a través de nuestras cabras. En este caso no se me ocurrió a mí, sino que fue mi hijo el que descubrió lo que seguramente ocurre en los cerebros de Bärli, Flocke y Vito, porque durante nuestras vacaciones, Tobias se ocupó del cuidado de nuestra pequeña arca de Noé. Normalmente, a las cabras se les da a mediodía una pequeña porción de forraje, que para los animales constituye el momento estelar del día. Cuando es la hora del refrigerio y aparecemos en el prado vienen corriendo ansiosas; en cambio, por la mañana y por la noche, cuando «sólo» damos de comer a los caballos, que están en la pradera, al lado, no nos hacen ni caso.

Tobias adaptó los horarios a su ritmo, es decir, que cada día era distinto. A veces las cabras comían primero por la tarde y los caballos por última vez al anochecer. Ahora bien, cuando por la tarde aparecía por segunda vez en la pradera, Bärli corría hasta él balando con su pelotón y pedía enérgicamente el forraje. Era, en efecto, la segunda aparición de mi hijo ese día, por lo que, con independencia de la hora, esperaban algo rico. Por lo tanto, ¿pueden contar las cabras? Siempre quieren forraje, pero esa vez lo pidieron a una hora del día inusual para ellas. ¿Sabían que Tobias estaba en la pradera por segunda vez, que, por consiguiente, les tocaba una porción? Si fuese pura voracidad, cada vez que apareciera un miembro de la familia pondrían carita de pena como muchos animales de compañía y reclamarían la comida. Pero sólo lo hacen en una de las tres visitas diarias; en la de en medio.

Por lo demás, ¿qué pasa con las correspondientes demostraciones de inteligencia de nuestros semejantes? Que los cuervos juegan en la liga de los simios ya no es nada nuevo. Echemos mejor un vistazo, por tanto, a las palomas. Estos animales se han convertido en una plaga en las ciudades, y reconozco que no es especialmente agradable estar en el andén y que le caigan a uno excrementos en su chaqueta nueva, como me pasó hace poco. Aun así, estas aves no se merecen el extendido apodo de «ratas del aire», y que hayan invadido pertinazmente nuestras zonas peatonales es debido a su inteligencia. El profesor Onur Güntürkün, de la Universidad Ruhr, de Bochum, afirma algo asombroso. Su colega entrenó palomas para que reconocieran imágenes con dibujos abstractos. Tras el entrenamiento, las aves eran capaces de distinguir nada menos que 725 representaciones distintas. Se dividieron en imágenes «buenas» y «malas», que se les mostraban de dos en dos. Al picotear en la buena había comida, si el pico bajaba sobre la mala, no había nada, y encima se hacía oscuro (cosa que las palomas no soportan). Pero bueno, podrían simplemente haber memorizado las buenas; eso habría sido más que suficiente para pasar la prueba. Sin embargo, mediante un control los científicos se dieron cuenta de que las aves no habían hecho trampas y realmente se habían aprendido todo de memoria.[31]

Otra anécdota numérica muy distinta la protagonizó nuestra perra Maxi, relacionada con su noción del tiempo, además. Por las noches dormía a pierna suelta hasta poco antes de las 6:30. Entonces se ponía a aullar suavemente y me pedía salir. ¿Por qué a las 6:30? A esa hora sonaba siempre el despertador y toda la familia se levantaba para desayunar y luego ir al cole y a trabajar. Por lo visto, Maxi tenía un buen reloj interno, pero que al parecer se adelantaba cinco minutos –ya podríamos habernos ahorrado el despertador–. Sin embargo, el fin de semana la cosa cambiaba. El despertador estaba apagado y todos podíamos dormir hasta tarde. Todos. Porque tampoco Maxi daba señales de vida los sábados y domingos, sino que solía dormir hasta más tarde que nosotros. Una buena demostración de que los perros saben contar. Claro que cabría objetar que el animal observó nuestro comportamiento y detectó que el fin de semana dormíamos hasta más tarde. Pero eso no es posible, porque entre semana siempre nos despertaba,

31. Lebert, A., y Wüstenhagen, C.: «In Gedanken bei den Vögeln», *Zeit Wissen*, n.º 4/2015, www.zeit.de/zeit-wissen/2015/04/hirnforschung-tauben-onur-guentuerkuen, consultado el 04-12-2015.

antes de que el despertador sonase, cuando aún dormíamos todos; en cambio, el fin de semana, en la misma situación, se abstenía de hacerlo. Por qué se quedaba en su camita y dormía hasta más tarde como nosotros, la verdad es que no lo hemos averiguado.

Por pura diversión

¿Saben divertirse los animales? ¿Realizar actividades que son considerablemente arbitrarias y con las que experimentan alegría y felicidad? Para mí es una cuestión importante, ya que su respuesta contribuye a dirimir si los animales son capaces de experimentar sensaciones positivas únicamente para el desempeño de una tarea que sirve para la conservación de la especie (por ejemplo el placer del sexo, que sirve para la procreación de la descendencia). De ser así, entonces la alegría y la felicidad se sumarían como complemento a un programa instintivo en curso, para garantizar su realización y recompensar. Nosotros, en cambio, somos capaces de provocar una y otra vez las correspondientes emociones mediante el mero recuerdo de vivencias bonitas, es decir, de hacernos felices a nosotros mismos. Aquí entra también la diversión en el tiempo libre, por ejemplo unas vacaciones junto al mar o los deportes de invierno en los Alpes. ¿Es éste el rasgo característico que nos diferencia de los animales?

Sin venir a cuento, me acuerdo de aquellas cornejas que iban en trineo. Un vídeo en Internet muestra a un ave de esta especie que baja en trineo por un tejado. Para ello se hace con la tapa de un bote, la arrastra arriba del todo, la coloca en la pendiente y finalmente salta para deslizarse por el tejado. Nada más llegar abajo, vuelve a subir para la siguiente bajada.[32] ¿El objetivo? Ninguno que se sepa. ¿El elemento diversión? Probablemente parecido al nuestro cuando nos montamos en un equivalente de madera o plástico y bajamos a toda velocidad por una loma.

¿Por qué una corneja habría de desperdiciar energía para una actividad que no le aporta nada? El duro juego de la evolución exige la reducción de toda actividad que sea inútil y deja fuera de la competición a todos aquellos que no sean lo bastante eficaces en este sentido. Sin embargo, los humanos hace ya mucho que no nos atenemos a esta ley aparentemente irrefutable, porque cuando menos, en los Estados adinerados tenemos energía de sobra y sólo podemos destinarla a la diversión. ¿Por qué iba a hacer otra cosa un ave inteligente que ha almacenado alimento suficiente para el invierno y puede destinar una parte de esas calorías a la diversión y el juego? Por lo visto, también las cornejas pueden transformar el excedente de reservas en diversión caprichosa y generar con ello sensaciones de felicidad siempre que quieran.

¿Y qué pasa con los perros y gatos? Todo el que conviva con estos animales puede dar cuenta de su instinto lúdico. También a nuestra perra Maxi le gustaba jugar conmigo al pillapilla alrededor de la casa del guardabosques. Como sabía que en realidad corría más rápido que yo, me daba siempre una oportunidad para que el juego no fuese un aburrimiento. Para ello se ponía a dar vueltas a mi alrededor en grandes círculos y hacía siempre un esprint directo hacia mí. Justo antes de poder tocarla hacía un inesperado regate, y se me escapaba. Se notaba realmente lo mucho que Maxi disfrutaba con este pasatiempo. Me encanta recordar esos momentos, pero preferiría tomar otros ejemplos como demostración de juego totalmente carente de sentido (desde un punto de vista positivo), porque con ello Maxi probablemente quisiera afianzar nuestra relación. Por eso todas las actividades lúdicas en el seno de un grupo pueden considerarse aglutinadores sociales y sirven,

---

32. www.spiegel.de/video/rodelvogel-kraehe-auf-schlittenfahrt-video-1172025.html, consultado el 16-11-2015.

86

pues, para un objetivo evolutivo. La energía que se invierte en la cohesión produce como resultado comunidades que son especialmente resistentes a las amenazas externas.

Bien, volvamos a echar un vistazo a los córvidos. Hay muchos testimonios de cornejas que toman el pelo a los perros. Se acercan con sigilo por detrás y pellizcan las colas de los cuadrúpedos. Naturalmente, el perro se gira con demasiada lentitud para el pájaro, que poco después reanuda el juego. En este caso, probablemente no se genere un aglutinador social y las aves tampoco es que tengan que ejercitar ninguna habilidad; al fin y al cabo, no forma parte de su repertorio obligado ponerse a salvo de perros que se vuelven. No, aquí parece estar en juego algo completamente distinto: está claro que las cornejas son capaces de ponerse en el lugar del perro y entender que siempre es demasiado lento y por eso se enfada. Sólo por esa razón es tan divertido provocarlo una y otra vez, y frotarse anticipadamente las manos por su reacción. A lo mejor no es un fenómeno excepcional, como prueban algunos vídeos de Internet.

Deseo

El sexo no es un automatismo para los animales. Cuando uno lee tratados científicos sobre el tema del «apareamiento», podría pensarse que a la fuerza se trata de un procedimiento absolutamente carente de sentimientos. Las hormonas desempeñan un rol que desencadena reacciones instintivas a las que el animal no es capaz de sustraerse. ¿No es así en los humanos? Me viene ahora mismo a la memoria la parejita que me encontré hace años en el bosque. Lo cierto es que yo sólo quería controlar quién había aparcado el coche en el sotobosque cuando por detrás del capó aparecieron dos cabezas encendidas. Conocía a la mujer y al hombre, procedían de los pueblos vecinos y estaban casados con otras parejas respectivamente (aún lo están hoy día). Se enderezaron con premura la ropa, se subieron en silencio al coche y desaparecieron. Era evidente que no querían poner sus matrimonios en peligro y habían buscado un rincón en teoría solitario para su encuentro sexual. Porque, aunque naturalmente seguía habiendo un riesgo con graves repercusiones personales como consecuencia, aquello los había superado a ambos. Para mí es un buen ejemplo de lo supeditados que estamos también nosotros a los instintos.

El desencadenante de estos actos es un cóctel hormonal que produce sumo placer y sensación de felicidad. ¿Para qué se necesita eso? Si los seres vivos han de aparearse, podría suceder de forma tan involuntaria como respirar –nuestro cuerpo tampoco libera porciones extra de sustancias narcóticas sólo para que respiremos–. No, el apareamiento es algo especial, precisamente porque todas las especies se exponen a una situación de indefensión. Así pues, los sadomasoquistas dentro de los animales, los caracoles, en un abrazo intenso lanzan para estimularse un dardo calcáreo contra el cuerpo del otro. Los pavos reales y los urogallos llaman primero la atención de la hembra desplegando un abanico de plumas enhiestas de la cola, para luego saltar sobre las gallinas. Las parejitas de insectos se acoplan a caballo, uno sobre otro, mientras que los sapos macho sujetan a las hembras bajo el agua en un éxtasis amoroso. En ocasiones, hay varios animales machos uno encima del otro, que ya no se sueltan y con su peso presionan a la hembra tanto rato bajo el agua que ésta se ahoga.

Con las cabras, que en muchas cosas se comportan de manera similar a los ciervos, cada año observamos, a finales de verano, un procedimiento un tanto más extravagante, en el que nuestro macho, Vito, se transforma en algo apestoso. Para gustar a las damas, se perfuma cara y patas delanteras con un olor singular: su propia orina. Con ese fin rocía el líquido amarillo no sólo sobre su piel, sino incluso en su boca. Lo que a nosotros nos produce náuseas es evidente que no surte ese efecto en las cabras hembra. Éstas se frotan su piel con la cabeza del macho para impregnarse del olor. Por lo visto, eso estimula la producción hormonal de todos los implicados y les hierve la sangre. El macho comprueba una y otra vez con la nariz si alguna de las cabras lo deja abalanzarse ya. Con ese fin la lleva por el prado y bala con la lengua fuera, lo que, de hecho, parece un poco absurdo. Si su dama de corazones se detiene y se agacha para hacer pipí, él mete la nariz en el chorro y, a continuación, resoplando con el labio superior enarcado, comprueba si el nivel hormonal es propicio. Al cabo de muchos días, Vito goza por fin de un par de segundos de felicidad.

Pero volvamos a la cuestión de para qué tiene que haber una recompensa emocional hormonal. Como telón de fondo está el peligro que entraña el acto de apareamiento. De hecho, los juegos preliminares, en los que los machos suelen atraer la atención sobre sí, no sólo atraen a las hembras. No, también los depredadores hambrientos agradecen la riqueza de colorido o el aviso sonoro de un alimento sabroso. Y lo cierto es que no pocos machos de las especies más dispares pasan del escenario del bosque directamente al estómago de aves o zorros. El apareamiento en sí es aún más peligroso, porque la pareja pasa íntimamente unida unos segundos, a veces también muchos minutos, y a duras penas está en disposición de huir de un ataque.

Se desconoce si los animales ven la conexión entre el apareamiento y la descendencia, pero ¿para qué si no iban a correr este riesgo? Sólo puede ser la sensación poderosa y adictiva de un orgasmo lo que los lleva a prescindir de todo reparo y entregarse a este placer. Por eso para mí es indiscutible que los animales tienen sensaciones intensas durante el acto sexual. Hay otro indicio muy sólido de ello: algunas especies animales ya han sido observadas dándose placer a sí mismas. Ciervos, caballos, gatos salvajes u osos pardos, todos han sido vistos usando su propia mano o, mejor dicho, pata, o recurriendo a recursos naturales como los troncos. Por desgracia, no hay muchos testimonios y menos aún investigaciones al respecto —¿quizá porque la masturbación es un tema tabú para los humanos?

Más allá de la muerte

¿Se puede hablar de matrimonio en las parejas de animales? Según el *Duden,* es una comunidad de vida de un hombre y una mujer legalmente reconocida, y Wikipedia formula: «... casi siempre una forma de unión estable y fijada por ley entre dos personas». Para los animales no hay reconocimiento legal, pero en todo caso sí una comunidad de vida de particular estabilidad. Un ejemplo especialmente conmovedor es el cuervo. Es el pájaro cantor más grande del mundo, y a mediados del siglo XX por poco fue exterminado. A estas aves se les colgó el sambenito de matar animales de pasto del tamaño incluso de un vacuno. Hoy día se sabe que eso es un cuento chino. Los cuervos son los buitres del norte, que buscan animales muertos o, en el mejor de los casos, moribundos; pero en aquel entonces dio comienzo una persecución sin piedad, en la que además de armas de fuego también emplearon veneno. Tales campañas contra especies animales no deseadas tuvieron diversos grados de éxito. Del zorro, por ejemplo, quisieron deshacerse en el siglo XX, porque podía transmitir la rabia. Le dispararon cada vez que se dejaba ver (sigue siendo así hasta la fecha), reventaron madrigueras y mataron a golpes a las crías que había en el interior. Emplearon sin miramientos gas tóxico, que era introducido en las guaridas subterráneas. Y a pesar de todo el zorro ha sobrevivido, porque es muy flexible y engendra muchas crías; sobre todo, cambia de pareja sexual. Los cuervos, en cambio, son almas fieles y pasan toda la vida con su pareja. En este sentido, está realmente justificado hablar de un auténtico matrimonio entre animales. Durante la campaña de exterminio, este hecho fue la perdición de las aves. Si a una de las dos le pegaban un tiro o la envenenaban, a menudo la otra ya no buscaba una nueva pareja, sino que en adelante volaba solitaria en círculos por el cielo. Así pues, las numerosas aves solteras dejaron de contribuir a la reproducción, lo que aceleró de manera manifiesta la aniquilación de la especie.

Hoy día, los cuervos están sumamente protegidos y han podido volver a propagarse por doquier en sus hábitats históricos. Aún recuerdo nuestros antiguos viajes a Suecia con nuestros hijos. Mientras remábamos en la canoa por los solitarios lagos, solíamos oír gritar a los cuervos, y a mí aquello me encantaba. ¡Qué emoción cuando hace unos años oí por primera vez a esas aves en mi territorio de Hümmel! Desde entonces esos animales son para mí un símbolo de cómo la naturaleza también es capaz de recuperarse de nuestros pecados y que la destrucción medioambiental no tiene por qué ser una calle de sentido único.

Los animales monógamos no son una rareza. Concretamente dentro de las aves hay especies que se asemejan en eso al cuervo, si bien no son tan constantes, aunque al menos no cambian de pareja durante la correspondiente temporada de cría. Es el caso de la cigüeña, por ejemplo. Sin embargo, ésta es estrictamente fiel a su nido después de la temporada, y por eso suelen juntarse antiguas parejas, porque ambos miembros vuelven a recalar en el antiguo nido la primavera siguiente. Pero la cosa puede torcerse, como me contó una trabajadora del zoo de Heidelberg. Una cigüeña construyó un nido en primavera con una nueva hembra –por lo visto, la anterior se había perdido durante la migración–. Pero ésta apareció con retraso en plena intimidad conyugal y el macho las pasó canutas. Para contentar a ambas construyó un segundo nido, y luego se las vio y deseó para abastecer a ambas familias.[33]

33. Jeschke, Anne: «Zu welchen Gefühlen Tiere wirklich fähig sind», www.welt.de/wissenschaft/umwelt/article137478255/Zu-welchen-Gefuehlen-Tiere-wirklich-faehig-sind.html, consultado el 10-08-2015.

Pero ¿por qué no son tan leales todas las especies de aves? ¿Y qué significa fiel aquí en realidad? Los carboneros y demás especies no son ni mucho menos infieles por el hecho de no unirse de por vida. El porqué de una unión de sólo una temporada de duración estriba en el promedio de edad. Mientras que los cuervos incluso en libertad (peligrosa) superan los veinte años, otras especies, casi siempre pequeñas, suelen durar menos de cinco años. Ahora bien, si uno se une de por vida y la probabilidad de perder a la pareja es muy elevada, la inmensa mayoría de los solteros pronto vuela por toda la zona. Y como eso es pésimo para la conservación de la especie, cada primavera se tiran los dados del juego «Quién con quién». Entonces se ve quién ha sobrevivido al invierno y la migración. Entre los carboneros comunes y los petirrojos seguramente no hay duelo por la pareja del año anterior que ya no volverá.

¿Y qué hay de los mamíferos? Parejas como en los cuervos sólo se dan en contadas excepciones, en los castores, por ejemplo. Buscan pareja para toda la vida y están con ella hasta veinte años. Tampoco sus hijos se mudan, sino que viven con sus padres en la cómoda madriguera cercana al agua. Casi todas las demás especies son prácticamente incapaces de tener una relación, por lo menos en lo que respecta al otro sexo. En el caso del venado, sin ir más lejos, sólo cuenta la ley del más fuerte. Si un ciervo más vigoroso ha ahuyentado a su adversario, disfruta del harén de hembras hasta que a su vez lo ahuyente un congénere aún más fuerte. Al parecer, a las hembras les da igual, también se dejan cubrir por un ejemplar joven que aprovecha su oportunidad si el macho dominante se distrae un momento. De todos modos, la cría de los cervatos es cosa estrictamente de hembras, porque a esas alturas los padres ya están otra vez deambulando por los bosques en grupos de machos.

Denominación

Para nosotros es algo natural poder hablar unos con otros para comunicarnos. En los colectivos grandes, para una toma de contacto concreta se cuenta con un nombre personal, por el que nos pueden llamar para que dirijamos nuestra atención a la persona en cuestión. Sea por *e-mail*, WhatsApp, por teléfono o en una conversación en persona, sin este estilo directo no funciona nada. Tomamos siempre conciencia de lo importante que es cuando nos olvidamos del nombre de un interlocutor con el que ya nos habíamos topado anteriormente y que ahora volvemos a ver. ¿Es la denominación una costumbre típicamente humana o también se da en el reino animal? A fin de cuentas, todas las especies gregarias se enfrentan con el mismo problema.

En los mamíferos se da una forma sencilla de denominación entre madre e hijo. La madre emite un sonido con su voz característica, el hijo la reconoce y responde a su vez con un sonido agudo propio. Pero ¿son realmente nombres o sólo se trata de un reconocimiento de voz? Todo apunta a que este «nombre» especial en la relación madre-hijo con el tiempo vuelve a desaparecer, porque si las crías han crecido y han sido destetadas, la madre deja de responder a él. ¿Qué sentido tiene entonces tener un nombre característico al que nadie responde? ¿Acaso una señal acústica temporalmente significativa merece esa designación?

A pesar de que no demos el visto bueno a tales sonidos, no deja de haber nombres propios genuinos en el reino animal, porque, de hecho, la ciencia encontró lo que buscaba, y no por casualidad, nuevamente en los cuervos. Sus estrechas relaciones constituyen un trasfondo ideal para la respuesta a semejantes preguntas, porque cuidan sus relaciones de por vida, no sólo entre padres e hijos, sino también con los amigos. Si uno quiere entenderse a gran distancia y sobre todo identificarse, entonces llamarse por el nombre es idóneo. Las aves negras dominan más de ochenta reclamos distintos, o sea, vocablos corvinos. Entre ellos hay también un reclamo identificativo personal con el que se anuncian entre congéneres. ¿Eso es ya genuinamente un nombre? Genuino en términos de uso humano lo es sólo si otros cuervos también «se dirigen» al receptor con ese reclamo de reconocimiento, y eso precisamente hacen los cuervos.[34] Además, recuerdan los nombres de congéneres incluso durante años, aunque el contacto se interrumpa. Si aparece un conocido en el cielo y grita desde lejos su nombre, hay dos posibles respuestas: si el que regresa es un antiguo amigo, se le contesta con una voz aguda y amistosa. Pero si el cuervo gozaba de pocas simpatías, el recibimiento resulta áspero y grave –dicho sea de paso, también entre los humanos se ha observado algo similar.[35]

Los nombres que los animales se ponen entre sí son relativamente difíciles de averiguar. Es mucho más fácil que los llamemos por un nombre determinado y comprobemos si responden a él. Sin embargo, en el caso de las mascotas surge la siguiente dificultad: ¿cómo vamos a saber si, por ejemplo, nuestra perra Maxi oye su nombre y no lo interpreta como un «¡Hola!» o un «¡Ven!»? Con varios perros sería más fácil quizá, pero en este punto quisiera volver de nuevo a los inteligentes cerdos. Y es que los investigadores examinaron justamente esta propiedad en los puercos. El desencadenante fueron los empujones conti-

34. Cerutti, H.: «Clevere Jagdgefährten», *NZZ Folio*, julio de 2008, http://folio.nzz.ch/2003/juli/clevere-jagdgefährten, consultado el 19-10-2015.
35. www.daserste.de/information/wissen-kultur/w-wie-wissen/sendung/raben-100.html, consultado el 19-10-2015.

nuos que imperan en las pocilgas modernas. En otro tiempo, se vertía el pienso en un canal alargado, con lo que todos los animales podían comer a la vez. En la actualidad, todo se hace de forma automática y asistida por ordenador para cada uno de los cerdos, pero como los equipos son muy costosos, no llega para muchos dispositivos ni, por lo tanto, para dar de comer a la vez a todos los ocupantes de la pocilga. Tienen que hacer cola, y con el estómago gruñendo los cerdos son tan impacientes como nosotros. Se empujan en la cola y a veces incluso se hacen daño. Para que todo pueda volver a funcionar con orden, los investigadores del Instituto Friedrich-Loeffler, del grupo de trabajo «Cerdos», intentaron enseñar modales a los animales de una granja experimental de Mecklenhorst (Baja Sajonia). Allí probaron con nombres individuales en pequeñas «clases» de ocho a diez añales. Los lechones eran capaces de memorizar bastante bien nombres femeninos de tres sílabas. Tras una semana de entrenamiento los animales regresaron a su grupo más grande de la pocilga y la distribución del pienso fue apasionante: llamaron uno por uno a todos los animales de la fila. ¡Y lo cierto es que funcionó! Al oír, por ejemplo, «Brunhilde» por el altavoz, nada más reaccionaba el animal al que habían llamado, que se dirigía veloz al comedero mientras todos los demás continuaban con lo que estaban haciendo, que para algunos sólo consistía en dormitar. La frecuencia cardíaca medida de los cerdos restantes no aumentó, sólo el animal llamado dio signos de un incremento de velocidad del pulso. Sea como sea, este nuevo sistema, que puede traer orden y tranquilidad a las pocilgas, logró un índice de éxito del 90 por 100.[36]

Pero ¿tiene realmente este conmovedor descubrimiento una implicación ulterior? Saberse asociado a un nombre concreto, presupone que hay conciencia de sí. Y eso es incluso más que conciencia, porque mientras que lo último únicamente delimita los procesos mentales, la conciencia de sí consiste en el reconocimiento de la propia personalidad, del yo. Para comprobar si los animales poseen tal facultad, la

36. www.swr.de/odysso/-/id=1046894/nid=1046894/did=8770472/18hal4o/index.html, consultado el 21-10-2015.

ciencia ha ideado la prueba del espejo. El que es capaz de comprender que el reflejo no es un congénere, sino la propia imagen proyectada, debería poder reflexionar sobre sí mismo. El creador de este método fue el psicólogo Gordon Gallup, que pintó unas manchas de color en la frente de unos chimpancés anestesiados. Acto seguido, puso un espejo delante de los animales inmóviles y esperó a ver qué pasaba cuando volvieran a despertar. Apenas los monos parpadearon con ojos cansados ante su imagen, se pusieron a frotarse la pintura. Era evidente que habían entendido enseguida que eran ellos mismos los que miraban desde el resplandeciente cristal. Desde entonces, para los animales que la superan, esta prueba se considera la demostración de la existencia de una conciencia de sí. Dicho sea de paso, los niños pequeños sólo superan esta prueba a partir de los dieciocho meses aproximadamente. Desde entonces la han superado los simios, delfines y elefantes, y los investigadores los miran con otros ojos.

Sorprendidos se quedaron cuando los córvidos también reconocieron su reflejo, como las urracas y los cuervos. Debido a su inteligencia, ahora estos animales son también llamados «monos de los aires».[37] Tras este descubrimiento durante mucho tiempo hubo pocas novedades, pero de pronto los cerdos saltaron a los informes. ¿Cerdos? Sí, también ellos pasan la prueba con éxito, aunque por desgracia no se he propuesto ninguna designación a lo «monos de la ganadería intensiva» –si no, ¿cómo iban a tratar con tanta crueldad a estos animales, como se sigue haciendo?–. Ni siquiera se les conceden sensaciones de dolor a estos inteligentes animales, como lo demuestra el hecho de que hasta 2019 los lechones con días de vida puedan castrarse sin anestesia –es más rápido y más barato.

Pero volvamos al espejo. Porque resulta que los cerdos no sólo lo utilizan para contemplar su propio cuerpo. Donald M. Broom y su equipo de la Universidad de Cambridge escondieron comida detrás de una reja. Después colocaron a los cerdos de tal modo que únicamente podían ver el cebo en un espejo colocado frente a ellos. Siete de ocho cerdos entendieron a los pocos segundos que tenían que volverse y

37. Plüss, M.: «Die Affen der Lüfte», *Die Zeit*, n.º 26, 21-06-2007.

dirigirse detrás de la reja para llegar al manjar. Para ello no sólo tenían que reconocerse en el espejo, sino también pensar en las relaciones espaciales de su entorno y su propio espacio.[38] Sin embargo, no debemos sobreestimar la prueba del espejo, sobre todo con respecto a los animales que no la superan. Si a los perros, por ejemplo, se les pintan convenientemente unas manchas, contemplan su imagen y no reaccionan, eso no significa absolutamente nada. ¿Cómo vamos a saber si el punto de la cara les molesta? Y en caso afirmativo, a lo mejor no pueden hacer nada con el espejo y ven en él sólo una imagen con manchas de color o a lo sumo una película como en la televisión.

Volviendo a la denominación, de nuevo entran en juego las ardillas canadienses, ya que en la investigación de casos de adopción se constató que los duendes de los árboles tan sólo aceptan bebés allegados. Pero ¿cómo saben quiénes son sus sobrinas, sobrinos o nietos? Los investigadores de la Universidad McGill presumen que los sonidos de los animales adultos son decisivos. Cada ardilla tiene unos gritos característicos, en los que los solitarios animales se reconocen mutuamente. En realidad, rara vez se ven, ya que los territorios apenas se entrecruzan y, por lo tanto, sólo les queda la acústica. Más sorprendente resulta aún por ello que algunos animales se pongan a buscar cuando esos gritos de los parientes cesan; después de todo, para hacerlo han de abandonar su territorio y adentrarse en otro desconocido. ¿Se preocupan? Aún es una especulación, pero cuando en su incursión se topan con huérfanos, toman a las crías desamparadas bajo su protección.[39]

Como en muchos otros campos, la ciencia está aún en ciernes también en este tema, pues poner nombres es una parte evolucionada de la comunicación, que, como ya se ha descrito, muchas especies animales dominan. Hasta los peces presuntamente mudos participan en esta disciplina, pero hasta la fecha sólo se sabe que emplean sonidos para dar con una pareja o defender su territorio.

---

38. Broom, D. M., y otros: «Pigs learn what a mirror image represents and use it to obtain information», *Animal Behaviour*, vol. 78, n.º 5, noviembre de 2009, pp. 1037-1041.
39. www.mcgill.ca/newsroom/channels/news/squirrels-show-softer-side-adopting-orphans-163790, consultado el 29-10-2015.

Duelo

Los ciervos son animales sociables. Forman grandes manadas y se sienten especialmente a gusto en grupo, si bien tiene lugar una división por género: a partir de los dos años, los machos se impacientan y se van lejos. Allí se juntan con otros ejemplares del mismo sexo, pero van bastante a su aire. Cuando envejecen se vuelven solitarios y lo que más les gusta es estar solos, únicamente de vez en cuando aceptan a su lado a un ciervo más joven, al que los cazadores denominan «ayudante».

El venado hembra es mucho más estable. Su manada es una comunidad compacta, que es capitaneada por una «adulta» especialmente experimentada. Ésta pasa a las ciervas más jóvenes las tradiciones transmitidas por sus predecesoras, como, por ejemplo, los pasos de fauna de décadas de antigüedad. Son los caminos por los que se puede llegar a pastos de jugosa hierba o resguardados refugios invernales. También en caso de peligro los asustados animales siguen el ejemplo de su líder: ella sabe enseguida lo que hay que hacer, porque es capaz de recordar situaciones similares y agresores posibles. Agresores que no tienen por qué ser sólo depredadores animales. Yo he observado repetidamente, por ejemplo, que las manadas de ciervos abandonan el coto de caza correspondiente cuando comienza una batida. Para ello se valen de los tradicionales toques de bocina, que al inicio de una cacería aún calientan el corazón de los cazadores en el lugar de encuentro. Estos toques de bocina son para el animal adulto el aviso de salida, con lo que a su vez se demuestra que los ciervos también son capaces de recordar una serie de tonos concretos incluso pasado un año.

Las hembras líderes han de mostrar, además de su edad y su experiencia, otro distintivo de sus aptitudes: la descendencia. Ésta se considera indispensable, un indicio de que el animal no sólo es capaz de sentirse responsable de sí mismo, sino también de otros. Algunos investigadores de animales salvajes interpretan que seguir al resto de la manada es algo fortuito: como nada más están a gusto en compañía y la hembra mayor guía a su cervato, se les pegan más o menos al tuntún, porque ya hay dos animales que van en la misma dirección. Pero yo estoy convencido de que los miembros de la manada intuyen perfectamente que va en cabeza una hembra de extraordinaria experiencia. Toma las primeras decisiones, con ella a la cabeza todos los demás están bien. Pues bien, los investigadores objetan que justo el animal de más edad es el que está especialmente atento y que por eso también es el primero en reaccionar cuando hay que huir. No es de extrañar que acto seguido los demás decidan seguirle por si acaso. Por consiguiente, se trata meramente de un liderazgo pasivo, no de un auténtico mando, vaya.[40] Yo no lo creo. En efecto, las ciervas no se pelean por la supremacía en la manada, sino que resuelven la jerarquía de forma pacífica e imperceptible para nosotros. Pero si no se tratara más que de una especie de principio aleatorio, los animales seguirían unas veces a un ejemplar y otras a otro; incluso a una hembra especialmente miedosa que, aunque joven e inexperta, sea particularmente nerviosa y por eso se adelanta. Sin embargo, el auténtico liderazgo se caracteriza por algo muy distinto, a saber: no alterarse sin necesidad. Ya que quien a menudo es presa del pánico, tiene menos tiempo para comer y con ello menos energía para asegurar su supervivencia.

No, es la experiencia, que llega con la edad y da lugar al consenso

40. Kneppler, Mathias: «Auswirkungen des Forst- und Alpwegebaus im Gebirge auf das dort lebende Schalenwild und seine Bejagbarkeit», tesina del curso universitario de caza de la Universität für Bodenkultur de Viena, curso VI (2013-2014), p. 7.

pacífico para formar un séquito. Pero en ocasiones sucede algo terrible para la hembra líder: su cervato muere. Antes la causa de ello casi siempre era una enfermedad o un lobo que saciaba el hambre, sin embargo, hoy día suele ser un tiro de escopeta de un cazador. En los ciervos empieza entonces el mismo proceso que en nosotros, los humanos. Primero reinan el desconcierto y la incredulidad, luego empieza el duelo. ¿Duelo? Pero ¿pueden los ciervos sentir algo así? No es que puedan, sino que incluso deben: el duelo ayuda a decir adiós. El vínculo entre la hembra de ciervo y el cervato es tan intenso que no puede disolverse en cuestión de segundos. La hembra debe primero aprender a entender poco a poco que su hijo ahora está muerto y que tiene que separarse del pequeño cadáver. Vuelve una y otra vez al lugar del suceso y lo llama, aunque el cazador se haya llevado ya al cervatillo.

Sin embargo, las líderes dolientes ponen en peligro a su clan, porque se quedan cerca de su hijo muerto y con ello también cerca del peligro. En el fondo, deberían conducir a la manada a un lugar seguro, pero la relación con el hijo aún no disuelta definitivamente lo impide. No cabe duda de que, dadas las circunstancias, debe producirse un cambio de liderazgo, y éste sucede sin peleas de rango. Sin mayor dilación, surge otra hembra de ciervo de experiencia similar que asume el mando de la comunidad.

Si se da el caso contrario, es decir, que la hembra líder muera y deje a su cervato, éste es tratado con especial inclemencia. La adopción ni se plantea, todo lo contrario: la cría huérfana suele ser expulsada de la manada, tal vez porque se quiere acabar de raíz con toda la dinastía. Abandonado a su suerte, el cervatillo tiene pocas posibilidades y casi nunca sobrevive al siguiente invierno.

Vergüenza y remordimiento

La verdad es que nunca quise tener caballos. Me parecen demasiado grandes y demasiado peligrosos, y montar tampoco me ha llamado nunca la atención. Por lo menos hasta el día en que compramos dos caballos. Mi mujer, Miriam, llevaba tiempo soñando con vivir con esos animales y al lado de nuestra casa del guardabosques había suficientes pastos para arrendar. Cuando a pocos kilómetros de distancia el propietario de unos caballos quiso vender sus animales, nos pareció que había llegado el momento ideal. Zipy, la yegua cuarto de milla, tenía sólo seis años y estaba amaestrada. Su amiga, Bridgi, la yegua apalusa de cuatro años, no podía montarse debido a un problema de espalda confirmado; lo cual era ideal —tenían que ser dos caballos, ya que los animales gregarios no pueden tenerse solos—. Y que sólo pudiera montarse una a mí ya me iba bien; así me desmarcaba de lo relacionado con la monta.

Pero entonces todo cambió. Nuestro veterinario examinó a los caballos y llegó a la conclusión de que tampoco a Bridgi le pasaba nada. ¿Qué impedía amaestrarla también? Nada, así que los dos juntos empezamos a aprender siguiendo las instrucciones de una profesora de equitación. Montar, pero más los cuidados diarios, condujeron a una

102

relación muy estrecha entre el animal y yo, de manera que mi miedo se esfumó totalmente; más bien descubrí lo sensibles que son los caballos y cómo reaccionan incluso a las indicaciones más leves. Si mi mujer o yo no estábamos concentrados o estábamos tensos, no obedecían nuestras órdenes o daban empujones desconsideradamente a la hora de comer. Otro tanto sucedía al montar: incluso en la tensión corporal percibían los animales si había que tomarse en serio o no una indicación (por ejemplo, un ligero desplazamiento de peso en la dirección deseada). Con el tiempo, por nuestra parte también aprendimos a observar muy atentamente a Zipy y Bridgi. Y además del trato con los caballos descubrimos su amplio abanico de sentimientos.

Sin ir más lejos, estos animales tienen un acusado sentido de la justicia, que se pone de manifiesto en las situaciones más dispares. Con la comida queda especialmente patente y además es muy sencillo de entender. Zipy, que ya tiene veintitrés años, ya no saca tanto partido del pasto y, si no tomáramos medidas, acabaría desnutrida. Por eso cada mediodía se le da una gran ración de forraje. Si lo ve Bridgi, tres años menor, se ofende. Se pone a brincar, agacha las orejas (un discreto gesto de amenaza), en resumen: está enfadada. Por eso se le da un puñado de forraje, esparcido en una larga línea sobre la hierba. Está tan atareada recuperando los cereales de la vegetación como su compañera mayor con su ración más grande del comedero. Y así vuelve a restaurarse el orden mundial también para Bridgi.

Otro tanto se observa con el adiestramiento. Salta a la vista que a los animales les divierte moverse en el picadero, y no sólo por el movimiento en sí, que ya tienen suficiente, porque pasan todo el año sueltos en una pradera enorme. No, los caballos disfrutan mucho con la atención que les dedicamos cuando practicamos diversos ejercicios, los elogios y las caricias cuando algo ha vuelto a salir bien.

En la convivencia con los caballos nos ha llamado la atención otra emoción: los animales son capaces de avergonzarse y, además, en situaciones similares a aquellas en las que nosotros lo hacemos. Bridgi, de menor rango, pese a sus veinte años en ocasiones se comporta como un potrillo que no tuviera más que pájaros en la cabeza. No viene enseguida cuando se lo ordenamos, sino que prefiere dar otra vuelta al galope por la pradera, o intenta comer sin la orden de «¡Ven!». Entonces tenemos que reprenderla, haciéndole esperar un poco para comer, por ejemplo, hasta que vuelve a comportarse. Normalmente encaja bien las reprimendas, pero si Zipy, la mayor, está mirando, vuelve avergonzada la cabeza y de repente bosteza. Salta a la vista lo abochornada que está, o, mejor dicho: ¡Bridgi se avergüenza!

Si te paras a pensar en situaciones similares en nosotros, los humanos, salta a la vista que, en realidad, para avergonzarse casi siempre hace falta otra persona en cuya presencia una situación no puede volverse más que embarazosa. A los caballos es evidente que les pasa lo mismo, y creo que esta emoción se da en muchos animales sociales. Por desgracia, las causas aún no se han estudiado en los animales, pero en todo caso sí en el ser humano, y eso nos da una idea de para qué existe la vergüenza: el afectado ha infringido las normas sociales, se ruboriza y baja la mirada —resumiendo, demuestra sumisión—. Los demás miembros del grupo detectan el suplicio y por regla general sienten compasión; así pues, el infractor probablemente sea perdonado. En definitiva, la vergüenza simboliza, por lo tanto, una especie de autocastigo y mecanismo de perdón de uno, cosa que a los animales se les suele seguir negando, ya que para avergonzarse debe uno ser capaz de reflexionar sobre su propia acción y el efecto de ésta sobre otros.[41] Lamentablemente, no conozco ninguna investigación actual sobre este tema, pero hay un sentimiento afín sobre el que puede darse debida cuenta: el remordimiento.

¿Cuántas veces en la vida lamentamos cada uno de nosotros haber tomado una decisión equivocada? El remordimiento es un sentimiento que generalmente evita que cometamos el mismo error dos veces. Eso es muy razonable, ahorra energía e impide la repetición reiterada de acciones peligrosas o absurdas. Y si es tan razonable, entonces lo lógico sería buscar tales sentimientos también en la fauna. Con ese fin,

---

41. Hermann, S.: «Peinlich», *Süddeutsche Zeitung*, 30-05-2008, www-sueddeutsche.de/wissen/schamgefuehle-peinlich-1.830530, consultado el 03-01-2016.

investigadores de la Universidad de Minnesota, en Mineápolis, observaron a unas ratas. Les construyeron una «batería de restaurantes» especial, un ruedo con cuatro entradas en las que había receptáculos con comida. Cuando un animal entraba en un receptáculo, se oía un sonido que era más agudo cuanto mayor era el tiempo de espera. Y a los roedores les pasó como a las personas. A algunos se les acabó la paciencia y cambiaron de habitación esperando que al lado les sirvieran antes. Sin embargo, en ocasiones aquí el tono era aún más agudo y, por consiguiente, mayor el tiempo de espera. Entonces los animales lanzaban miradas anhelantes al compartimento anterior, aumentando además su disposición de no volver a cambiar y esperar durante más tiempo la comida. En los humanos se dan reacciones similares, por ejemplo, cuando cambiamos de cola en la caja del supermercado y comprobamos que hemos tomado la decisión equivocada. En las ratas se observaron también otros patrones de actividad cerebral que se asemejan a los nuestros cuando reproducimos otra vez la situación mentalmente. Es lo que establece la diferencia con la decepción: mientras que lo último empieza cuando uno no consigue lo esperado, el arrepentimiento surge cuando uno además detecta que había una alternativa mejor. Y, al parecer, precisamente de eso son capaces las ratas, como constataron los investigadores Adam P. Steiner y David Redish.[42]

Si hasta las ratas manifiestan sentimientos semejantes, ¿no sería mucho más lógico buscar con más ahínco en los perros tales emociones? Al fin y al cabo, casi todos los dueños afirman que los perros lamentan las acciones erróneas y demuestran compasión, poniendo la típica «carita de perro» lastimosa cuando se les riñe. También nuestra münsterländer, Maxi, sabía perfectamente cuándo la reñía porque había hecho algo malo. Me miraba de soslayo, como si le diera todo un apuro tremendo y me pidiera perdón. De hecho, es justamente este comportamiento el que los investigadores pusieron en tela de juicio. Bonnie Beaver, del University College de Texas, ha llegado a la conclusión de que a los

---

42. Steiner, A., y Redish, D.: «Behavioral and neurophysiological correlates of regret in rat decision-making on a neuroeconomic task», *Nature Neuroscience*, n.º 17, pp. 995-1002 (2014), 08-06-2014.

animales se les ha enseñado esa carita de pena típica, porque aprenden lo que los dueños esperan cuando les riñen, por lo que reaccionan a la bronca y no a su mala conciencia. Asimismo Alexandra Horowitz, del Barnard College de Nueva York, llegó a la misma conclusión. Para ello pidió a catorce propietarios que dejasen respectivamente a sus animales en una habitación con un cuenco lleno de golosinas –previa severa advertencia de que no tocasen nada–. El resultado fue que, aunque una parte de los perros siguió la indicación, casi todos pusieron carita de pena al ser reprendidos.[43] Y, a pesar de todo, eso no significa necesariamente que los perros lo hagan sólo porque lamentan algo. Si la reprimenda se suelta justo después del hecho, los cuadrúpedos asocian la reacción con su acto y entonces es probable que su mirada sí exprese verdaderamente la contrición que presumimos en ellos.

Volvamos de nuevo al sentido de la justicia, porque en el reino animal no sólo se da en los caballos. Si se vive en el seno de una comunidad social, debe haber justicia. Cada miembro de una sociedad ha de hacer valer por igual sus derechos, ésa es la definición del término justicia según el *Duden;* de lo contrario, enseguida habría disputas, que, de provocarse de continuo, generarían violencia. Cabría pensar que en la comunidad humana las leyes defienden las oportunidades de todos. Pero considerablemente más drásticos que éstas parecen en la convivencia cotidiana los sentimientos, que en caso de conducta errónea generan, por ejemplo, vergüenza, y en caso de una acción correcta, sensaciones de felicidad. ¿Cómo si no habría justicia dentro de casa, dentro de la propia familia? Ya he dado cuenta de que nuestros caballos se avergüenzan, es decir, que poseen un sentimiento de justicia. Como es natural, aún no es una observación científicamente exacta y validada, pero en los perros se da. El equipo de Friederike Range, de la Universidad de Viena, sentó con ese fin a dos perros, que se conocían, uno al lado del otro. Seguidamente, los animales tenían que cumplir una sencilla orden: «¡Dame la patita!». Acto seguido había un premio, que podía variar:

---

43. «Glauben Sie niemals Ihrem Hund», *taz*, 27-02-2014, www.taz.de/!5047509/, consultado el 13-01-2016.

unas veces era un trozo de salchicha, otras sólo un trozo de pan y en ocasiones nada. Mientras las reglas del juego fueran las mismas para ambos perros, el mundo estaba en orden y los animales participaban como es debido. Para que surgiera la envidia, a continuación se premiaba muy injustamente. Si ambos levantaban la pata, sólo un perro obtenía un premio y el otro se quedaba con las ganas. La variante extrema premiaba a uno con salchicha, mientras que el segundo no recibía nada, pese a que había levantado obedientemente la patita. La entrega injusta de comida al perro de al lado fue vista con recelo. Daba igual si el congénere conseguía el mejor bocado merecida o inmerecidamente, en un momento dado el cuadrúpedo perjudicado se hartaba y a partir de ese momento se negaba a seguir colaborando. En cambio, si el perro estaba solo y no podía compararse con el otro, aceptaba también la variante «sin premio» y continuaba colaborando. Esos sentimientos de envidia e (in)justicia hasta la fecha solamente se habían observado en los monos.[44]

También los cuervos tienen un acusado sentido de lo justo y lo injusto. Es lo que se constató en experimentos realmente basados en la cooperación y el uso de utensilios. Para ello, colocaron una tablilla con dos trozos de queso detrás de una reja. Ataron el queso con un cordel cuyo extremo pasaba por la reja y llegaba hasta dos cuervos. Sólo cuando ambas aves tiraban de los extremos al unísono y con cuidado, podían traer a su alcance los exquisitos bocados. Los inteligentes animales lo entendieron enseguida, y el experimento funcionó especialmente bien con parejas que se gustaban. Sin embargo, con otros dúos ocurría que uno de los cuervos pescaba los dos trozos de queso después de acercarlos con éxito. El ave que se quedaba con las ganas no lo olvidaba y a partir de entonces dejaba de colaborar con el codicioso colega. Los egoístas tampoco gozan de popularidad entre las aves.[45]

44. Range, Friederike, y otros: «The absence of reward induces inequity aversion in dogs», comunicado por Frans B. M. de Waal, Universidad Emory, Atlanta (Georgia), 30 de octubre de 2008 (recibido para revisión el 21 de julio de 2008), pnas.0810957105, vol. 106, n.º 1, pp. 40-345, doi: 10.1073.
45. Massen, J. J. M., y otros: «Tolerance and reward equity predict cooperation in ravens (Corvus corax)», *Scientific Reports*, n.º 5, artículo número: 15021 (2015), doi: 10.1038/ srep15021,

Compasión

Los mamíferos más comunes del bosque pertenecen a su vez a los ejemplares más pequeños de esta clase de vertebrados: los ratones de campo. A decir verdad, son monos, pero difíciles de ver precisamente por su tamaño, y por eso para muchos excursionistas son más bien poco interesantes. Sólo me llama la atención la cantidad de pequeños animalillos que en realidad corretean por la maleza cuando tengo que esperar una cita con un interesado en nuestro cementerio natural y estoy un buen rato en silencio en un sitio. Los ratones de campo son omnívoros y sobreviven al verano en un paraíso bajo las viejas hayas. Hay brotes, insectos y demás animalillos en abundancia, por lo que pueden criar tranquilamente a su prole. Pero luego se acerca el invierno. Cuando menos para no pasar demasiado frío, construyen su casa al pie de imponentes troncos, casi siempre allí donde nacen diversas raíces. En esos lugares se forman cavidades naturales que sólo hay que ensanchar un poco. Aquí generalmente viven varios animales juntos, ya que los ratones de campo son seres sociables.

Cuando hay nieve, sin embargo, en ocasiones detecto también el rastro de un drama. Hasta el tronco de la haya llegan las huellas de unas zarpas pequeñas –por ahí ha pasado una marta–. Y a las martas les gusta desayunar ratones. Las huellas conducen a la madriguera de la base del árbol y entonces se ve claramente con qué ímpetu ha sido escarbada y rascada. Así pues, no sólo se han llevado sin escrúpulos las reservas ocultas de los ratones, sino a veces incluso también a uno de los ocupantes. ¿Cómo será eso para los demás ratones? ¿Sólo les da miedo la marta o también entienden que uno de los suyos ha tenido que sufrir? Parece que sí, como han descubierto investigadores de la Universidad McGill, de Montreal. Encontraron, en efecto, indicios de compasión en los pequeños mamíferos, los primeros no primates en los que se constataron tales sentimientos. Sin embargo, los propios experimentos fueron de todo menos compasivos. A los ratones se les causaron dolorosas heridas en las patas, mediante inyecciones de ácido que los investigadores pusieron en las menudas manos de los ratones. Otra variante del dolor consistió en presionar las partes sensibles del cuerpo sobre planchas calientes. Si los animales habían visto previamente a congéneres padeciendo torturas semejantes, entonces notaban el dolor considerablemente más intenso que si eran atormentados de forma desprevenida. A la inversa, la presencia de otro ratón que corría mejor suerte ayudaba a soportar mejor los dolores. Lo importante era desde cuándo se conocían los ratones. Se manifestaban efectos palpables de compasión cuando los animales llevaban ya juntos más de dos semanas –una situación típica de los ratones de campo salvajes de nuestros bosques.

Pero ¿cómo se comunican los ratones entre sí, cómo saben si un congénere en ese momento está sufriendo y viviendo un infierno por dentro? Para averiguarlo, los investigadores bloquearon, una detrás de otra, todas sus capacidades perceptivas: los sentidos de la vista, del oído, del olfato y del gusto. Y aunque los ratones se comunican de buen grado a través de los olores y en caso de alarma profieren estridentes gritos ultrasónicos, en el caso de la compasión, curiosamente, es probable que la visión de congéneres padeciendo desencadene en ellos el sentimiento de empatía.[46] O sea, que si una marta pesca en invierno un ratón de campo de la acogedora madriguera de la base del

46. Gangul, I.: «Mice show evidence of empathy», *The Scientist*, 30-06-2006, www.the-scientist-com/?articles.view/articleNo/24101/title/Mice-show-evidence-of-empathy/, consultado el 18-10-2006.

árbol, los demás podrían pasar unos segundos igualmente horribles. Cuánto dura esta compasión, si más o menos en el momento en que descubrí las huellas en la nieve seguían reinando la conmiseración y el correspondiente revuelo entre los pequeños ocupantes de la madriguera, se desconoce todavía.

Pero ¿qué pasa con la compasión hacia los congéneres recién llegados, es decir, que aún no están integrados en el grupo? Por lo visto, es bastante más débil y en eso, curiosamente, los ratones no se diferencian de las personas, como asimismo descubrieron los investigadores de la Universidad McGill, de Montreal. Hicieron un estudio comparado del comportamiento empático tanto de estudiantes como de ratones y llegaron a la conclusión de que la compasión hacia los miembros de la familia y los amigos es de lejos más acusada que hacia los desconocidos. El motivo en todos los seres investigados es el estrés –a los individuos estresados el sufrimiento de los congéneres los deja más indiferentes–. Las causas de este estrés a menudo son los propios desconocidos, cuya visión libera la hormona cortisol. La contraprueba se realizó con un medicamento que bloqueaba el cortisol en los estudiantes y ratones, y con ello la compasión aumentaba de nuevo.[47]

También nuestros cerdos domésticos vuelven a surgir con el tema de la empatía, y en este caso son científicos holandeses de la Universidad de Wageningen los que cuidan de las pocilgas experimentales del Centro de Innovación Porcina de Sterksel. Pusieron música clásica a los animales. No, tranquilo, los investigadores no trataban de averiguar si a los cerdos les gusta Bach. Más bien asociaban con la música pequeños premios, como por ejemplo pasas recubiertas de chocolate escondidas en la paja. Con el tiempo, los cerdos del grupo experimental asociaron la música con determinadas emociones. Y entonces fue emocionante, porque se acercaban congéneres que aún no habían oído nunca esos sonidos y por eso tampoco sabían cómo tomarse aquello. Sin embargo, experimentaron todos los sentimientos de los cerdos

47. Loren J. Martin, y otros: «Reducing Social Stress Elicits Emotional Contagion of Pain in Mouse and Human Strangers», *Current Biology*, doi: 10.1016/j.cub.2014.11.028.

musicales: si éstos estaban contentos, los recién llegados también jugueteaban y cabriolaban, si, por el contrario, se orinaban de miedo, ellos también se contagiaban y manifestaban el mismo comportamiento. Al parecer, los cerdos pueden ser empáticos, entender los sentimientos ajenos y dejarse contagiar por ellos[48] –ésa es la definición clásica de compasión.

¿Y qué pasa emocionalmente entre especies distintas? Que los humanos tenemos la capacidad de sufrir con otras especies está claro, ¿si no, por qué iban a espeluznarnos tanto las imágenes de gallinas desplumadas y ensangrentadas en oscuros corrales masificados o monos con el cerebro abierto en equipos de investigación? Un ejemplo especialmente conmovedor de que también los animales son capaces de semejante compasión interespecie procede del zoo de Budapest. Allí el visitante Aleksander Medveš estaba grabando a un oso pardo en su recinto cuando de repente cae una corneja en el foso de agua. Ésta agita exhausta las patas y el ahogamiento es inminente cuando el oso interviene. Apresa con cuidado un ala con la boca y vuelve a sacar a la corneja del agua. El ave yace allí como petrificada antes de recuperarse. El oso deja de prestar atención a este bocado de carne fresca, que encaja perfectamente en su esquema de presas, y se vuelve de nuevo hacia el forraje vegetal. ¿Casualidad? ¿Por qué iba el oso a hacer algo así cuando era evidente que ni el instinto de juego ni el de comer tenían la posibilidad de aflorar?

Quizás, además de la observación directa, convenga también echar un vistazo al cerebro para responder a la cuestión de si es posible una especie de compasión. A tales efectos, se analiza la existencia de neuronas espejo. Este tipo de células en concreto se descubrió en 1992 y presenta una peculiaridad: las células nerviosas normales disparan siempre los impulsos eléctricos cuando el propio cuerpo realiza determinadas actividades. Las neuronas espejo, en cambio, se activan cuando otro individuo lleva a cabo las respectivas acciones, es decir, que

48. Kollmann, B.: «Gemeinsam glücklich», *Berliner Morgenpost*, del 02-02-2015, www.morgenpost.de/printarchiv/wissen/article137015689/Gemeinsam-gluecklich.html, consultado el 30-11-2015.

reaccionan exactamente como si el propio cuerpo se viese afectado. Un clásico es el bostezo: cuando tu pareja abre la boca para bostezar, a ti también te entran ganas de hacerlo. Más bonito es aún, naturalmente, contagiarse de una sonrisa. Pero esto es más obvio en casos más desagradables: si un miembro de la familia se hace un corte en el dedo, sufres como si te hubieses hecho daño tú, porque en tu cerebro reaccionan unas células nerviosas similares. Sin embargo, funcionan solamente si han sido entrenadas de la más tierna infancia. Sólo quien tiene padres o personas de referencia afectuosos puede practicar el espejo de sentimientos y afianzar estas células nerviosas. Al que se le priva de semejante juventud, también se le atrofia la capacidad de compadecerse.[49]

Las neuronas espejo son, pues, el *hardware* de la compasión, y qué mejor que ver qué especies tienen este tipo de células. Precisamente a este punto ha llegado la investigación actual: sólo sabe que los monos están dotados de él. Qué otras especies se parecen a nosotros también en este aspecto, aún debe examinarse. De todos modos se manifiesta abiertamente la suposición de que también a este respecto podría haber sorpresas. Los científicos parten de la base de que todos los animales que viven en manadas, bandadas o enjambres poseen mecanismos cerebrales similares, ya que las estructuras sociales funcionan únicamente cuando uno es capaz de ponerse en el lugar de sus congéneres y sentir lo mismo que ellos. Ya veo al pez rojo del capítulo «Hay luz en la mollera» saludándonos de nuevo –como animal que vive en bandadas va también a bordo.

49. Kaufmann, S.: «Spiegelneuronen», Alles Nerven-Sache – wie Reize unser Leben steuern, programa «Planet Wissen», del 07-11-2014, ARD.

Altruismo

¿**P**ueden los animales actuar desinteresadamente? El desinterés es lo contrario del egoísmo, una característica, que en el marco de la evolución (sólo sobreviven los más fuertes o mejores) de entrada no supone nada básicamente negativo; por el contrario, si uno vive en comunidad, entonces cierto grado de desinterés es un requisito indispensable para su funcionamiento. En todo caso, cuando esta característica se defina de tal modo que no necesariamente deba estar vinculada al libre albedrío. Con desinterés actúan, pues, muchas especies animales, hasta las bacterias lo hacen. Los individuos resistentes a los antibióticos, por ejemplo, liberan indol, una sustancia que sirve de señal de alarma. A continuación, todas las demás bacterias vecinas toman medidas de protección. Incluso aquellas que no se han vuelto resistentes debido a la mutación pueden entonces sobrevivir.[50] Un caso claro de desinterés, pero, cuando menos según el estado actual de la investigación, cabe la duda de si aquí entra en juego el libre albedrío.

Sin embargo, para mí el altruismo sólo es valioso cuando uno tiene realmente que elegir, cuando debe renunciar consciente y activamente a ayudar a otro. En último término, no podrá aclararse cuando ocurre

---

50. www.wissenschaft-aktuell.de/artikel/Auch_Bakterien_verhalten_sich_selbstlos_zum_ Wohl_der_Gemeinschaft1771015587059.html, consultado el 25-10-2015.

eso en los animales, pero sí podemos acercarnos a ello empezando con los seres más inteligentes. Las aves pertenecen a esta categoría y en ellas puedes observar un altruismo constante. Cuando se acerca un enemigo, el primer carbonero común, por ejemplo, que ha advertido el peligro, da la voz de alarma. Todos los demás carboneros pueden entonces otear el horizonte y ponerse a cubierto. Sin embargo, el que ha alertado se expone con ello a un peligro extraordinario, ya que llama la atención del atacante. Evidentemente, también puede procurar ponerse a cubierto, pero la posibilidad de que sea capturado él y no otro carbonero en este caso es especialmente elevada. ¿Por qué corre semejante riesgo? Evolutivamente hablando, no tiene ningún sentido, puesto que para la propia especie es del todo irrelevante que sea devorado él u otro pájaro. Pero el altruismo a largo plazo significa no sólo dar, sino también recibir, y eso luego supone a su vez ventajas para los individuos compasivos y generosos, como Gerald G. Carter y Gerald S. Wilkinson de la Universidad de Maryland observaron justamente en los vampiros. Los murciélagos sudamericanos de noche muerden al ganado vacuno y otros mamíferos, para a continuación lamer la sangre que sale. Sin embargo, para saciarse han de tener experiencia y suerte, tanto en lo que respecta a la detección de los bovinos como al hecho de que las víctimas se queden quietas. Los murciélagos desafortunados o inexpertos suelen quedarse con hambre, pero sólo hasta que los colegas saciados vuelven a las cuevas. Allí regurgitan partes de su ración de sangre para los compañeros menos afortunados, de manera que todos tengan un poco. Todos, en verdad, porque, sorprendentemente, no sólo alimentan a los familiares cercanos, sino también a animales que ni siquiera son parientes lejanos del donante.

Pero ¿para qué, en realidad? En términos evolutivos sólo debería sobrevivir el más fuerte y el que da se debilita a sí mismo; a fin de cuentas, la obtención de alimento cuesta energía y el que da de comer a otros consume también más y, en consecuencia, ha de ponerse en peligro más a menudo. Además, algunos miembros de la comunidad podrían aprovecharse de esos murciélagos desinteresados y solicitar permanentemente sus servicios. Aunque eso no pasa, como descubrieron los dos investigadores americanos. Porque resulta que los murciélagos se reconocen entre sí y saben exactamente qué conocidos son generosos y cuáles no. Aquellos que muestran rasgos especialmente altruistas son a su vez los primeros en recibir alimento cuando tienen una mala racha.[51] ¿Es, pues, egoísta el altruismo? En términos evolutivos seguramente, porque los individuos que manifiestan esta cualidad a largo plazo tienen una mayor probabilidad de supervivencia. Pero algo más puede aprenderse de esta observación: obviamente los murciélagos tienen elección, libre albedrío para decantarse por compartir o en contra de ello. De no ser así, sin duda no sería necesaria la complicada red social de reconocimiento mutuo, clasificación de las respectivas cualidades y acción resultante. El altruismo genéticamente fijado sin más bien podría llevarse a cabo como una especie de reflejo, de manera que entre los animales dejaran de percibirse diferencias de carácter. Sin embargo, el desinterés sólo resulta valioso cuando sucede voluntariamente y, por lo visto, los murciélagos tienen esa libertad de elección.

---

51. Carter, G. G., Wilkinson, G. S.: «2013 Food sharing in vampire bats: reciprocal help predicts donations more than relatedness or harassment», Proc. R. Soc. B 280: 20122573, http://dx.doi.org/10.1098/rspb.2012.2573, consultado el 26-10-2015.

Educación

También las crías necesitan una educación para dominar las reglas del juego de la vida adulta. Nosotros tuvimos ocasión de experimentar hasta qué punto es eso necesario cuando compramos nuestro pequeño rebaño de cabras. La granja lechera del pueblo vecino vende fundamentalmente cabritos, después de todo necesita la leche de las madres para producir queso. La progenie tiene, por tanto, la opción de acabar como carne en la vitrina o ser vendida a propietarios aficionados. Nuestra dotación de entonces de cuatro cabezas tuvo suerte y vino como una pequeña tropa a nuestro prado. Nada más dejarla en la zona cercada, la primera cabrita saltó al otro lado y desapareció en el bosque que está a unos ochocientos metros de distancia. Pensamos que jamás volveríamos a verla, al fin y al cabo, ¿cómo iba a saber dónde estaba su nuevo hogar? Normalmente, su madre hubiese estado a su lado, hubiese balado para tranquilizarla e infundido seguridad a la pequeña. Pero nadie la cobijaba. ¿Nadie? ¿Y los otros tres cabritos? En efecto, formaban un rebaño, pero era evidente que no transmitían ni mucho menos una sensación de seguridad.

Y los disgustos siguieron. Bien es verdad que Bärli (el fugitivo marrón) volvió, pero en cambio el resto de los granujas se quedaba una y otra vez fuera del cerco y sudábamos la gota gorda cuando había que traer de vuelta a los animales. Nuestra única esperanza era que tras los

116

primeros partos, ese comportamiento mejorase. Y, en efecto, en cuanto las cabras tuvieron sus primeros cabritos se calmaron y se quedaron obedientemente en la zona de pasto asignada. Sus hijos no fueron demasiado revoltosos, porque aprendieron de sus madres cómo vive una cabra mansa en un pasto. El que se portaba muy mal primero era llamado al orden con un balido y, si eso no servía, recibía también una fuerte cornada. De esta segunda generación aún no ha saltado nadie el cerco y Bärli, el «fugitivo mayor», se ha convertido en nuestra cabra más mansa y querida, majestuosa y tranquila. Evidentemente, la edad también influye: Bärli pesa más y, por lo tanto, está un poco más gruesa, pero también descansa. Sin duda, también sus cabritos le han dado seguridad en sí misma, y con el tiempo ha ascendido a jefa, lo que a buen seguro aporta una serenidad adicional a su vida.

¿Todo esto te parece normal y obvio? A mí también me lo parece. Sin embargo, si uno supone que los animales funcionan por instinto y siguiendo un programa genéticamente fijado, todo se ve de otra manera. Aprender sería innecesario, porque para cada situación se activaría el comportamiento adecuado. Pero no es éste el caso precisamente, como millones de dueños de animales de compañía pueden confirmar. Nuestros perros, por ejemplo, tenían prohibido entrar en la cocina y lo aprendieron en seguida con un «¡No!» en un tono muy concreto, y toda la vida han respetado esta norma (que en la naturaleza difícilmente tiene sentido).

Pero volvamos a echar un vistazo al bosque y a la escuela de fauna salvaje, empezando por los más pequeños: los insectos. Cuando uno no se cría precisamente en una colonia de abejas ni de sus parientes, las hormigas o avispas, ha de apañárselas solo de cachorro. Ahí no hay nadie que le advierta a uno de los peligros cotidianos, debe aprenderlo todo por sí mismo. Que a la vez gran parte de las crías de insecto sean devoradas por aves u otros enemigos no es de extrañar y quizá sea este aprendizaje sin padres la razón principal de que en los insectos haya tanta progenie. Es verdad que los ratones se reproducen muy deprisa también, pero en una proporción algo menor que los pequeños voladores. En el caso de los ratones de campo hay cachorros cada cuatro semanas, que a su vez pueden parir crías a las dos semanas. Pero los pequeños roedores no solamente los traen al mundo, sino que les enseñan a moverse en su entorno y procurarse alimento. Lo peculiar que puede llegar a ser eso se estudió en ratones domésticos, que por aquí tenemos por doquier. Pero la investigación se llevó a cabo muy lejos de casa, en la Isla de Gough, en el bravo Atlántico Sur, a miles de kilómetros del continente más próximo.

Aquí las aves marinas como los gigantescos albatros incubaban en un aislamiento absoluto. En todo caso hasta que un buen día los navegantes descubrieron la isla y liberaron por descuido ratones domésticos que habían viajado con ellos como polizones. Los ratones hicieron lo que también hacen con nosotros. Cavaron madrigueras, comieron raíces y semillas de gramíneas y se reprodujeron copiosamente; pero un día a uno de ellos se le antojó un poco de carne. Debió de descubrir cómo se matan los polluelos de los albatros –aparte de la crueldad, no es tarea fácil, ya que los polluelos son aproximadamente doscientas veces más grandes que los agresores–. Los ratones aprendieron con rapidez que varios de ellos tenían que morder a un polluelo hasta que se desangrara. Los más feroces empezaron incluso a comerse la bolas de pelusa vivas.

Pero volvamos a la escuela faunística: los investigadores observaron que durante años se había practicado la caza de aves nidificantes en determinadas regiones de la isla. De todas todas, los ratones progenitores enseñaron a su progenie su estrategia, transmitiéndola así a la siguiente generación, mientras que los congéneres de otras zonas ignoraban aún la técnica. Esta transmisión de estrategias de caza tiene lugar también en muchos mamíferos más grandes, como los lobos. Y no sólo eso: a las crías de jabalí y de ciervo les enseñan, por ejemplo, por qué rutas caminan seguras las manadas desde hace décadas cuando se trasladan de los refugios de verano a los de invierno. De ahí que esos traslados de uso prolongado a menudo sean compactos y duros como el hormigón. El que sea capaz de aprender de sus mayores se ahorra una muerte temprana –no obstante, lamentablemente ignoro si la escuela faunística es más divertida que la humana.

¿Cómo desprenderse de los hijos?

Tanto para nosotros como para casi todos los demás padres estaba claro: algún día nuestros hijos habrían de independizarse. Les enseñamos muy pronto a ser independientes, el resto lo hizo la naturaleza, mejor dicho, las hormonas. Aunque la pubertad entró en nuestra casa con suavidad, en esa fase hubo discrepancias frecuentes que en ambas partes dejaron aflorar el deseo de emprender algún día caminos separados. El sistema educativo hizo el resto, con una carrera que siguió al bachillerato, que, naturalmente, no podía hacerse cerca de la solitaria casa del guardabosques, así que fue imprescindible el traslado de nuestros dos hijos a Bonn, a cincuenta kilómetros de distancia. Dicho sea de paso, con ello la relación entre padres e hijos mejoró de golpe, porque en el día a día ya no nos sacábamos asiduamente de quicio.

¿Y cómo lo hacen los animales? Por lo menos en los mamíferos y aves hay un vínculo igualmente estrecho entre generaciones, que en algún momento hay que aflojar. Porque la mayoría de las especies tienen otro problema: en muchas de ellas no hay familias como las entendemos los humanos, de manera que a más tardar al año los jóvenes deben hacer sitio a los siguientes bebés. ¿Cómo mantener, pues, a distancia a los propios hijos?

Una opción sería el mal sabor; y en sentido literal, además. Es lo que nosotros mismos pudimos experimentar con nuestras cabras lecheras. Cuando por una desgracia en primavera murieron los cabritos de una cabra, tuvimos que arrimar el hombro y ponernos a ordeñar; de lo contrario, la ubre henchida podía inflamarse y causar dolores a la madre. Al mismo tiempo, obteníamos además una leche deliciosa, que echamos en el muesli o transformamos en queso. ¿Leche deliciosa? Pues sí, en las primeras semanas así es. Sabe a crema espesa y apenas se distingue de una buena leche de vaca. Pero conforme avanza la primavera, más regustos amargos aparecen. En un momento dado ya no se puede beber, así que alargamos los intervalos de ordeño y con ello logramos que el flujo de leche se acabe lentamente. Que entonces los cabritos o nosotros bebamos es lo de menos. Debido al sabor, la ubre se vuelve poco atractiva y la progenie se adapta cada vez más a la hierba y las plantas. Eso alivia a la madre y hace que los cabritos sean independientes en lo que al sustento se refiere. Además, ésta deja que los adolescentes se le enganchen al pezón únicamente unos segundos antes de levantar la pata agobiada para apartarles la cabeza. Justo para otoño y, por lo tanto, para la época de apareamiento vuelve a tener a su disposición todas las reservas corporales para sí y la descendencia venidera.

A las abejas no les gusta desprenderse de sus hijos, pero sí, en cambio, de sus machos a finales del verano. Los zánganos, apacibles seres sin aguijón de grandes ojos, gandulean en la colmena toda la primavera y el verano. No van en busca de flores, no ayudan a secar el néctar y transformarlo en miel, y tampoco alimentan ni cuidan de las crías. No, se dan la gran vida, dejan que las obreras los alimenten y de vez en cuando vuelan por el campo, no sea que merodee por allí una reina preparada para el apareamiento. Ésta es acto seguido perseguida, pero sólo unos pocos afortunados consiguen aparearse con ella durante el vuelo. El frustrado resto vuela zumbando de regreso a su colonia y se deja consolar con un dulce alimento. Así podría vivir uno eternamente, pero con el término del verano, termina también la paciencia de las obreras con la montonera de holgazanes. La joven reina se ha apareado hace ya tiempo y sus hermanas, que han abandonado la colonia en enjambres, también están servidas. El invierno se va acercando poco a poco y las valiosas provisiones deben bastar para varios miles de abejas de invierno, especialmente obreras longevas, y la reina. Para los indolentes zánganos nadie ha almacenado nada y entonces empieza un desagradable capítulo para estos insectos. En la batalla de los zánganos de finales del verano, los machos en su día tan mimados son bruscamente echados a la calle sin más ni más. De nada sirve resistirse; no obstante, los zánganos se oponen desesperados a la evacuación con sus patitas. Es evidente que no les hace ninguna gracia y todos sus sentidos están alerta. Pero al que opone una resistencia demasiado férrea, en caso de duda simplemente lo matan –no hay compasión alguna–. El que continúa con vida soporta seguidamente una cruel muerte por inanición o no tarda en acabar en el estómago de un carbonero igual de hambriento.

Lo salvaje, salvaje permanece

Hace unos años recibí una llamada del pueblo de al lado. Una mujer preocupada me dijo que tenía un corcino en casa y no sabía qué hacer. Al irle preguntando, resultó que sus hijos, jugando, habían traído consigo al animal del bosque. Maldita sea. Lo que, fruto de un impulso lúdico, quizá se había hecho hasta con buena intención, para el cachorro era una catástrofe; puesto que los corzos dejan a sus hijos básicamente solos en el soto o la hierba alta durante las primeras semanas de vida, porque es más seguro para ambos. Una madre con cachorros es lenta, porque ha de esperar constantemente a su prole. Ésta a menudo aún no ha conocido la cara amarga de la vida y se queda rezagada siguiendo a mamá –ideal para los lobos o los linces–. Ven venir a semejantes parejas ya de lejos y pueden seleccionar tranquilamente qué comer. Por esa razón los corzos prefieren separarse en las primeras tres o cuatro semanas de sus pilluelos para protegerlos. Olfativamente, los corcinos se camuflan de maravilla, porque no desprenden casi nada de lo que podría llamar la atención de los depredadores. La corza sólo pasa brevemente por ahí para dar de mamar al corcino y luego vuelve a desaparecer; así el animal tiene más tiempo para comer energizantes brotes y puntas de tallos, sin la preocupación constante de tener que vigilar al pequeño. Ahora bien, si un alma cándida tropieza con un corcino tan solitario y que está ahí tan quietecito, es inevitable preocuparse casi instintivamente. ¡Cuesta imaginarse lo que sufriría un bebé humano si alguien simplemente lo dejara en algún sitio y se esfumara!

Así pues, los «salvadores» actúan siempre espontáneamente y se llevan al supuesto cachorro huérfano a casa. Sin embargo, luego no suelen saber cómo proceder y llaman a profesionales. Es entonces cuando se dan cuenta de que llevárselo ha sido un tremendo error, pero casi siempre tiene mal arreglo: el corcino se ha impregnado del olor humano, la vuelta al bosque y con su madre ha dejado de ser viable, porque ésta ya no reconoce a su hijo. La crianza con biberón es trabajosa y cuando menos en el caso de los corcinos macho también arriesgada, como veremos a continuación.

Para mí los corzos son un bonito ejemplo de que el amor maternal cuenta con manifestaciones bien dispares. La mayoría de los mamíferos hacen lo mismo que nosotros y buscan un contacto continuo y estrecho con su descendencia. Pero aquéllos cuyo comportamiento difiere de eso no es que no tengan corazón, sino que simplemente se han adaptado a otra situación. Seguro que los corcinos también se sienten muy a gusto en las primeras semanas de vida sin un contacto constante con su madre. Este comportamiento únicamente varía cuando son capaces de correr ligeros con ella. Entonces se quedan cerca de la corza y raras veces se alejan más de veinte metros.

Sin embargo, la conducta típica de las primeras semanas tiene en estos tiempos modernos otras consecuencias bastante más trágicas para los corcinos. En caso de peligro se agazapan, pues saben por instinto que por el olfato difícilmente los encontrarán. Pero a menudo no es un lobo ni un jabalí hambriento el que busca un suculento asado. Son las gigantescas máquinas segadoras, que siegan la hierba de parcelas de hectáreas de extensión a gran velocidad. Al hacerlo, los corcinos agazapados son arrastrados por las hojas y matados al instante en el mejor de los casos. Pero con frecuencia se incorporan un momento justo antes, de manera que les cortan las patas junto con la hierba.

Podría remediarse con una inspección del terreno la noche antes, en la que, además, un perro sería señal de «peligro». La corza ordenaría seguidamente a su corcino que fuese con ella para trasladarse a una zona segura, fuera del prado. Sin embargo, para semejantes operaciones de rescate suele faltar, por desgracia, tiempo y personal.

Otro ejemplo de que los animales salvajes no valen para mascotas ni para hacerles mimos, es el gato montés europeo. Hacia 1990 estuvo a punto de ser exterminado. Sólo alrededor de cuatrocientos animales sobrevivieron en la Alemania Central Occidental, además de una población residual de aproximadamente doscientos ejemplares en las Tierras Altas de Escocia. También mi territorio de Hümmel, en la región de Eifel, pertenecía a estos últimos refugios y por eso a cada rato veía a uno de estos ariscos minitigres. Desde entonces la situación ha mejorado considerablemente. Gracias a las medidas de protección y repoblación, miles de gatos monteses vuelven a deambular por las regiones boscosas de Europa central.

Los rasgos son evidentes: el tamaño equivale al de un gato doméstico corpulento, el pelaje es espeso y atigrado tirando a ocre. La peluda cola es anillada y presenta el extremo negro. El problema es que también los gatos domésticos atigrados son así, si bien no están emparentados con la especie salvaje. Una constatación infalible sólo es posible mediante el volumen del cerebro, la longitud intestinal o una prueba genética, y tales métodos de reconocimiento escapan, naturalmente, a los visitantes normales del bosque; no obstante, hay un par de indicios. Los gatos domésticos son un poco, en fin, pusilánimes y sólo en la estación fría del año acechan por el campo hasta unos dos kilómetros de distancia del calor del hogar. En cuanto en invierno hace frío y se mojan, el espíritu aventurero decae y con él el radio de actividad. Entonces el viaje casi nunca supera los quinientos metros, las mascotas heladas quieren poder regresar corriendo a su cálido hogar. Los gatos monteses son, por fuerza, más duros; no hibernan ni hacen descanso invernal alguno y tienen que cazar ratones también con nieve. Los gatos atigrados en la nieve, a kilómetros de distancia del pueblo más cercano son, por lo tanto, absolutamente salvajes y libres.

Desde la época romana, los gatos domésticos, introducidos por el sur de Europa, son muy superiores en número a los gatos monteses. Entonces ¿por qué estos últimos no se extinguieron mediante la hibridación? Porque con la aparición de los denominados híbridos se ha comprobado que ambas especies se aparean entre sí; aunque eso sólo se da excepcionalmente. Si ambas especies se encuentran, siempre sale perdiendo la variante domesticada, ya que los gatos salvajes hacen plena justicia a su nombre. Lo que nos lleva a preguntarnos si estos gatitos no serán también idóneos como mascotas. Pero precisamente el ámbito rural tendría que haberse prestado (y seguir pasando) una y otra vez a que los animales solitarios se arrimaran al ser humano. En definitiva, hay sobrados amantes de los animales que ponen comida junto a las puertas. Y las aves en los comederos invernales demuestran que el recelo de los animales hacia las personas disminuye paulatinamente.

Qué pasa cuando un cachorro de gato salvaje se cría bajo el cuidado humano es algo que viví hace poco en mi propio pueblo. Alguien había visto en mi territorio una cría junto a un camino solitario del bosque mientras hacía *footing*. Se resistió al deseo de llevarse al animal aparentemente desvalido y se limitó a observarlo. Al cabo de unos días volvió al mismo lugar y el maullador ovillo de pelo seguía junto al camino, con lo que era evidente que, por alguna razón, la madre se había perdido; abandonado, el cachorro de gato moriría. Entonces lo levantó cuidadosamente en brazos y se lo llevó a casa. Preguntó en un centro para gatos salvajes cómo había que tratar al animal, además de certificar mediante una prueba de pelo en el Instituto Senckenberg de Fráncfort que el gato era 100 por 100 de raza pura. Los gatos monteses no toleran el pienso debido a que su intestino es más corto, por eso le dieron carne al pequeño montaraz. Pero pronto ya no pudieron acercarse a él para darle de comer, porque enseguida se lanzaba al ataque. Por otra parte, durante los paseos por los prados, el gatito se quedaba lealmente al lado de la familia, dando así la impresión de que se volvería hasta manso. Pero poco después ya no pudieron retener al animal. Se volvió más agresivo, ahuyentaba a los gatos domésticos más mayores y al final fue a parar a un centro de recuperación de Westerwald.

125

La historia demuestra que muchas especies no pierden su carácter salvaje y por eso no son aptas para una vida bajo el cuidado humano; no es casualidad que antes de cada especie doméstica hubiera un largo proceso de cría. Y el que aun así sienta ganas de tener un animal salvaje, encima se topa con la ley. En función del país, la ley de conservación de la naturaleza o la legislación en materia de caza es muy estricta y sólo pueden tenerse animales salvajes en casos excepcionales autorizados.

Sin embargo, algunos semejantes intentan hacer posible lo imposible y, por desgracia, precisamente con el lobo, al que ya le costó lo suyo granjearse suficientes simpatías por su regreso a Europa central. Para los humanos no es peligroso, porque simplemente no le interesamos. Pero si lo retenemos a la fuerza, la cosa cambia. A ver, tener un lobo no sólo está prohibido, no, es que, como el gato montés, sigue siendo un animal salvaje, así que el paso lógico siguiente es sencillamente cruzarlo con un perro grande, por ejemplo, un husky. El objetivo es lograr un aspecto lobuno combinado con la mansedumbre de una mascota. Pero incluso algo así es ilegal. De ahí que haya un mercado negro para semejantes animales, que son importados desde Estados Unidos o Europa del Este.[52] Sin embargo, el elevado porcentaje de sangre lobera consigue que los perros no se vuelvan mansos y deban soportar bajo estrés la convivencia con los seres humanos. Sea como sea, semejante proximidad es peligrosa, porque el estrés genera agresividad.

Por qué es más difícil tener lobos, que son animales ciertamente muy sociales, que perros, es lo que investigó Kathryn Lord, de la Universidad de Massachusetts. De acuerdo con sus resultados, es algo que depende de la fase de socialización de los cachorros. Los lobatos ya andan a las dos semanas de vida, cuando todavía tienen los ojos cerrados. Tampoco oyen aún, este sentido no está operativo hasta las cuatro semanas. Así pues, andan a tientas, ciegos y sordos, alrededor de su madre y pese a ello aprenden sin parar. El control definitivo de sus ojos

---

52. www.zeit.de/wissen/umwelt/2014-06/tierhaltung-wolf-hybrid-hund, consultado el 16-08-2015.

llega a las seis semanas, pero para entonces los pequeñajos ya se han familiarizado con los olores y ruidos de su manada y su entorno, y aseguran su posición social. Los perros, en cambio, se desarrollan más lentamente, como tiene que ser. No pueden atarse demasiado pronto a los miembros de su manada, ya que, al fin y al cabo, un ser humano se convertirá en su persona de referencia más importante. A través de una cría de miles de años de duración, la fase de socialización se retrasó y en la actualidad empieza a las cuatro semanas de vida. Tanto en los lobatos como en los cachorros, el período formativo dura sólo cuatro semanas. Así pues, mientras que en los lobos aún no se han desarrollado todos los sentidos en este importante período, los cachorros pueden explorar su entorno con el repertorio completo –y a este entorno pertenece también el ser humano en los últimos días de esta etapa–. Mientras que, consiguientemente, los perros se orientan de maravilla en nuestra sociedad, en el caso de los lobos perdura cierto recelo de por vida.[53] Esta configuración básica al parecer no se ha perdido ni en los lobos ni en los perros mestizos.

Pero al lado de un corcino, un lobo mestizo es inofensivo. ¿Un corcino? No todos, únicamente los machos son realmente mortales para el propietario, porque la monada moteada en un año se convertirá en un macho adulto. Los corzos son solitarios y no toleran competencia en su territorio. La afectuosa relación de la época de crianza se esfuma y, como la persona que lo cuida es aparentemente un corzo (así lo ven los machos al menos), sólo puede tratarse de un rival. Y hay que ahuyentarlo a toda costa. Al que no pueda eludirlo con la gracilidad de los competidores naturales, en caso de duda le clavan en el cuerpo los puntiagudos cuernos. Semejante comportamiento no es la excepción, sino la regla. Incluso aunque los animales vuelvan a ser liberados en su hábitat, el peligro sigue existiendo; a fin de cuentas, los corzos también tienen memoria y en los últimos años de vida no siempre evitan a los humanos. Así pues, el *Schwarzwälder Bote* refirió en 2013 que un cor-

53. Lehnen-Beyel, I.: «Warum sich ein Wolf niemals zähmen lässt», *Die Welt*, 20-01-2013, www.welt.de/wissenschaft/article 112871139/Warum-sich-ein-Wolf-niemals-zaehmen-laesst.html, consultado el 07-12-2015.

zo había atacado y herido a dos mujeres al anochecer en las instalaciones deportivas del pueblecito de Waldmössingen. Se comprobó que durante el año anterior había sido criado artificialmente.[54]

54. www.schwarzwaelder-bote.de/inhalt.schramberg-rehbock-greift-zwei-frauen-an. 9b8b147b-5ba7-4291-bbd7-c21573c6a62c.html, consultado el 16-08-2015.

Despojos de becada

Como ya he explicado en el capítulo «Vergüenza y remordimiento», nuestros caballos Zipy y Bridgi toman una porción de forraje a mediodía. Los energéticos cereales son principalmente para vigorizar un poco a la vieja Zipy. Por lo visto, los caballos no mastican con especial cuidado, puesto que en los excrementos se hallan algunos cereales enteros. Y lo que viene ahora es asqueroso, porque en ellos se han fijado nuestras «cornejas domésticas», que constantemente deambulan cerca del pasto. Desmenuzan las boñigas y extraen una por una las semillas de avena. ¿Sabroso? Yo lo considero bastante repugnante y cabe preguntarse si es posible que una alimentación tan feculenta llegue realmente a gustar. ¿Acaso los animales tienen sentido del gusto? Seguro que sí, sólo que se basa simplemente en unas tradiciones nutricionales que no son las de nuestro paladar. (También entre los humanos hay, como es lógico, distintas percepciones gustativas. Piensa, sin ir más lejos, en los huevos milenarios translúcidos y oscuros tan apreciados en China, que más que una exquisitez evocan putrefacción y descomposición, al menos a los europeos).

Asimismo nuestros caballos aportan otra prueba más de la existencia del sentido del gusto. Hay que desparasitarlos dos o tres veces al año y para hacerlo les metemos en la boca un tubo con una pasta medicinal. Seguramente no sabe nada bien, porque cuando ambos se dan cuenta de lo que hay, se quedan quietos pero de muy mala gana. Sin embargo, entretanto el fabricante ha reaccionado: ahora también hay un tratamiento de desparasitación con sabor a manzana –a los caballos les gusta–. Desde entonces es algo más fácil poner en práctica el procedimiento.

Que los animales durante su adiestramiento aprenden también lo que está bueno y malo lo saben perfectamente los propietarios de perros. Si cambian de marca de pienso, algunos cuadrúpedos se niegan a comer. Crusty, el bulldog francés, es verdad que come con mucho apetito, pero las golosinas nuevas le salen caras –al menos a nosotros–, porque al rato se extiende en cuestión de diez minutos una fétida nube que sale del trasero de Crusty e inunda la sala entera.

Los conejos, en cambio, en lo referente al gusto aún son un poco más perversos fuera de casa que las cornejas. Mientras que las aves al menos no escarban más que en los excrementos ajenos y además sólo se comen los granos, los lepóridos macho se comen siempre los excrementos propios, aunque no todas las heces indiscriminadamente, sino sólo unas concretas. Como a todos los herbívoros, las bacterias intestinales les ayudan a hacer avanzar y a digerir las hierbas y plantas trituradas. Fundamentalmente en el intestino ciego se hallan unas especies en concreto que descomponen las hierbas en sus componentes. Pero una parte de las sustancias creadas, como la albúmina, la grasa y el azúcar, únicamente pueden ser absorbidas por el intestino delgado, que, por desgracia, se encuentra antes del ciego. Todo el puré de alimentos entero pasa, pues, desaprovechado por el aparato digestivo e, inevitablemente, acaba fuera de nuevo. ¿Qué mejor que acto seguido volver a comer con fruición este excremento del intestino ciego expulsado por el ano y extraerle las valiosas calorías a través de un tránsito por el intestino delgado?[55] Sólo el producto de desecho definitivamente procesado, las bolitas duras, dejan de ser dignas de atención alguna y se consideran heces a secas.

Para los seres humanos es inconcebible comer excrementos, sean de

---

55. www.kaninchen-info.de/verhalten/kot_fressen.html, consultado el 20-12-2015.

animales o los nuestros propios. O, cuando menos, para casi todos los seres humanos. Los que, no obstante, hacen algo así, se encuentran también entre la población centroeuropea: son los cazadores. Hasta la fecha matan becadas, cosa que, personalmente, me parece igual de repugnante que la caza de ballenas. A ello hay que añadir que estas aves apenas tienen carne y quizá de ahí nace la curiosa costumbre: se comen entre otras cosas los «despojos de becada», es decir, los intestinos con su contenido (o sea, los excrementos). Picaditos y mejorados de muchas maneras, por ejemplo, con tocino, huevos y cebolla, todo asado y untado en pan –y el manjar de los cazadores está listo–. Los huevos de lombriz y demás, que se hallan en los excrementos del pájaro, mueren al ser calentados, pero se me va el apetito sólo pensar en semejantes «placeres».

Los animales tienen que poder saborear para distinguir los alimentos adecuados de los no adecuados (o incluso venenosos). Pero pese a todos los paralelismos con nuestros sentidos, a muchas especies no les gusta lo mismo que a nosotros. Así pues, el término «goloso» (*Naschkatze* en alemán, palabra compuesta por *naschen*: tomar golosinas y *Katze*: gato), asociado al consumo de dulces, en el caso de los gatos de verdad está fuera de lugar. Porque junto con grandes felinos como los leones y los tigres, y también los lobos marinos, a lo largo de la evolución han perdido los sensores del dulce. Al parecer, a los animales no les interesan especialmente los alimentos sacaríferos, y eso es muy lógico: la carne no tiene un sabor dulce.[56]

Aún más difícil es comparar nuestro sentido del gusto con el de las mariposas, el del macaón, por ejemplo. Las hembras sólo ponen sus huevos allí donde su descendencia puede comer suculentas hojas de las plantas adecuadas. Así pues, las orugas que eclosionan sólo tienen que morder a su alrededor para saciarse. Pero para que la mariposa en busca de lugares donde depositar sus huevos no tenga que probar cada planta, resuelve la exploración con las patas. Camina sobre una hoja y percibe con sus patas, en las que se hallan unos pelos sensoriales, el

56. «Warum Katzen keine Naschkatzen sind», *Scinexx.de*, www.scinexx.de/dossier-detail-607-9.html, consultado el 14-01-2016.

sabor de hasta seis sustancias diferentes. Y eso no es todo: la mariposa incluso reconoce la edad de la planta y su estado de salud.[57] ¿Suena increíble? Si algo es fresco o ya está pasado, también los humanos somos capaces de advertirlo por el sabor –piensa, por ejemplo, en un plátano demasiado maduro–. Probar el estado de las plantas puede ser decisivo para la supervivencia de la prole; si la planta muere antes de que las orugas puedan pupar, el sueño de una transformación en mariposa se esfuma.

57. Gebhardt, U.: «Der mit den Füssen schmeckt», *Zeit* online, del 01-05-2012, www.zeit. de/wissen/umwelt/2012-04/tier-schmetterling, consultado el 14-01-2016.

Un aroma singular

Después del sentido del gusto, lo más lógico es examinar también de cerca el sentido del olfato. Los animales son, sin duda, sensibles a lo que huele bien y lo que huele mal. Eso no sirve exclusivamente, como el sentido del gusto, para comprobar los alimentos, sino también para unos fines similares a los nuestros: estar guapo para el otro sexo. Pero lo mucho que puede distar eso de los aromas que nosotros percibimos como fragantes, lo demuestra en otoño nuestro macho cabrío Vito. Como ya he comentado, utiliza su propio perfume, su orina, para estar guapo para las dos damas. Por eso mi mujer se cambia de ropa y se pone un gorro cuando visita al pequeño rebaño del corral, ya que el penetrante olor flota no sólo por todo el jardín, sino que impregna también tejidos y pelo.

Sin embargo, lo que nos parece repugnante quizá sea sólo un fenómeno cultural de nuestro tiempo. Que hace doscientos años aún no hubiera desodorantes (por lo menos no de forma generalizada) a lo mejor se debía también a la percepción inculcada. Dicen que Napoleón escribió a su Josephine desde la contienda: «Mañana por la noche vuelvo a París. ¡No te laves!». También los conquistadores españoles del siglo XVI recelaban del lavado. Posiblemente quisieran distinguirse de los limpios moros, que acababan de expulsarlos de la Península Ibérica. Los aztecas de México que vieron por primera vez a estos forasteros de piel blanca, olieron también la diferencia con sus compatriotas, que se lavaban en baños turcos –¡repulsivo!–. Un ejemplo más actual quizá sea el queso viejo de larga maduración. Podría definirse también como una lactoproteína podrida y endurecida, cuyas emanaciones darían ganas de vomitar en otro contexto. No menciono este ejemplo para equiparar olfativamente a las personas con los animales hediondos, no, sólo trato de dejar claro que el hedor es percibido de forma muy distinta por los seres humanos.

Los perros pueden incluso superar el olor de los machos cabrío. A nuestra perra Maxi le encantaba revolcarse en los excrementos de zorro, que tienen un olor especialmente penetrante. Los boñigos frescos de vaca eran asimismo una fuente de olores especiales muy utilizada. Durante mucho tiempo se ha aceptado que los cuadrúpedos lo hacen para ocultar su propio olor, lo que habría de garantizar mejores oportunidades de caza, al menos en el caso de los antepasados salvajes. Hoy en día, se cree que los perros o incluso los lobos comunican mensajes, o simplemente quieren ser el centro de atención de la manada. Por lo visto, el olor en concreto de la carroña o de las heces de herbívoros no les resulta desagradable, al contrario.[58] ¿Tendrán también presente la necesidad humana de perfumarse?

Pero tú sólo has de vigilar cuando tu perro se revuelque en excrementos de zorro o de perro, o incluso se los coma. En los de zorro en concreto podrían hallarse huevos diminutos de la tenia del zorro, que tras el baño en excrementos caen del pelaje de tu pequeñajo –y muy probablemente en el salón, además–. Luego ponte en el lugar de un ratón en el que los huevos hubieran ido a parar originariamente. Las larvas en desarrollo colonizan órganos internos y hacen más lento al huésped, porque está enfermo. Esos ratones son los que preferiblemente atrapa el zorro; el círculo se cierra. Como es natural, no contigo como huésped intermedio –a los humanos nos espera una enfermedad grave, que sólo es difícil de curar en función del estadio–. A los perros

58. Derka, H.: «Weil das Stinken so gut reicht», *kurier.at*, http://kurier.at/thema/tiercoach/weil-das-stinken-so-gut-riecht/62.409.723, consultado el 06-10-2015.

recién embadurnados de heces habría que darles excepcionalmente una buena ducha.

Pero aunque las apreciaciones se diferencien de las nuestras, los animales no sólo perciben olores agradables, sino también el hedor, que se aplica principalmente a los propios excrementos. Como herbívoro, donde uno deja las deposiciones ya no pasta más. Porque no hay prácticamente ningún corzo, ningún ciervo, ninguna cabra ni ningún vacuno sin lombrices. En consecuencia, muchos legados de estos parásitos se encuentran en los excrementos, como los de los gusanos pulmonares. Cada gramo de excremento puede contener hasta setecientos huevos que son nuevamente ingeridos con el pasto.[59] Como una infestación masiva de lombrices debilita el cuerpo, esos herbívoros se convierten antes en presas del lince y el lobo. De ahí que sea totalmente lógico que los propios excrementos sean percibidos como una advertencia de algo absolutamente repugnante.

Creo que para la mayoría de los animales los excrementos propios tienen un olor tan asqueroso como los humanos para nosotros. Un buen indicio de ello lo constituyen muchos animales domésticos. Así, nuestros caballos buscan un «rincón tranquilo» en el pasto, al que sólo van a defecar. De todos modos, pastando libremente en plena naturaleza no hay mucho riesgo de comer demasiado a menudo en el mismo sitio. Cuando los humanos impedimos tal libertad de movimiento, entonces los animales se las arreglan con sendos rincones que reservan para ese fin. También Blacky, Hazel, Emma y Oskar, nuestros conejos, buscan en el gallinero y el corral una zona como retrete en la que hacer aguas mayores. Pero en la ganadería intensiva eso no funciona; allí gallinas o cerdos tienen incluso que dormir en sus propios excrementos. Los contagios galopantes de lombrices en este caso sólo se evitan mediante dosis regulares de medicamentos –lástima que, por desgracia, las pastillas no eviten simultáneamente el hedor.

Por cierto, que a muchos animales defecar les da tanto pudor como a nosotros. El bulldog, Crusty, por ejemplo, estando atado se iba a la maleza, lejos de nosotros, cuando tenía que hacer aguas mayores. Ade-

59. www.canosan.de/wurmbefall.aspx, consultado el 21-09-2015.

más se ponía de nalgas a nosotros, o sea, que no nos veía –era evidente que le daba apuro ser observado cuando se agachaba–. Olor aparte, para todos los animales es asimismo importante estar limpios. Igual que nosotros, están incómodos cuando tienen excrementos y demás porquería encima. Probablemente sea la reacción de los congéneres lo que aumenta este malestar. El que tiene el trasero sucio da a entender que posiblemente esté enfermo y por eso tiene diarrea. ¿Quién va a querer contagiarse o incluso aparearse con semejante pareja? De ahí que también los animales presten escrupulosa atención a estar siempre limpios, si bien la definición de «limpio» no es la nuestra. A los jabalíes, por ejemplo, en verano les encanta refrescarse y por eso se revuelcan placenteramente en las charcas de barro. Entre gruñidos y meneando la cola hurgan copiosamente, se restriegan y se tumban de nuevo. Acabado el proceso, una capa de color beis les cubre toda la piel. Y a pesar de todo no se sienten sucios los animales. ¿Por qué? ¿El equivalente humano no es una envoltura de fango o barro que se aplica por un dineral? Los jabalíes sienten algo parecido: están frescos y no es una casualidad. A la costra que se seca se adhieren muchos parásitos, como garrapatas y pulgas. Si el caparazón de lodo se endurece, el animal restriega el cuerpo entero contra unos árboles especiales. Siempre son los mismos árboles o tocones, que se usan durante muchos años y con el tiempo se alisan a base de restregones, con lo que no sólo se eliminan todos los animalillos molestos, sino también pelo viejo que puede picar.

Con nuestros caballos ocurre algo parecido. También a ellos les gusta revolcarse, especialmente cuando mudan el pelo. En función de las condiciones meteorológicas, el pelo se mezcla también con el barro; pero sólo con el barro, no con los excrementos.

Comodidad

Nuestro paisaje es una única alfombra de retales, por lo menos desde la perspectiva de los animales salvajes. Las superficies grandes no fragmentadas por poblaciones o calles son cosa del pasado, y si quisieras perderte en la selva, ya no podrías, porque ni siquiera los ecosistemas más naturales que aún tenemos, o sea, los bosques, son ya lo que eran. Para que los vehículos que transportan madera también puedan circular en el último rincón que queda, hay trece kilómetros de carreteras forestales por kilómetro cuadrado de bosque. Desde un punto de vista puramente estadístico, en tu paseo a campo traviesa en menos de cien metros vuelves a toparte con el camino más cercano, de manera que tu aventura consiste como mucho en tomar el desvío equivocado. Para la naturaleza, los caminos tienen unos inconvenientes determinantes. En su entorno, la tierra antes suelta se compacta sobremanera, y los animales más pequeños, que vivían en las capas más profundas, se ahogan todos. Además, los caminos bloquean como los diques el caudal de agua, y este hecho no hay que subestimarlo. Por el subsuelo discurren abundantes aguas subterráneas, que en muchos casos se acumulan o desvían. Así pues, alguna que otra zona forestal se convirtió en un pantanal en el que muchos árboles enfermaron, porque sus raíces murieron en la putrefacta y sucia agua. También para las especies de cárabos que huyen de la luz los caminos forestales constituyen serios obstáculos, ya que los coleópteros, que han olvidado cómo volar, no se atreven a salir de la oscuridad entre los árboles hacia el trazado inundado de luz. Así pues, están encerrados en un pequeño terreno, rodeado de caminos, y ya no pueden intercambiarse genéticamente con los ejemplares vecinos.

Sin embargo, en principio, los caminos no son perjudiciales para los animales. A los corzos, ciervos y jabalíes les sucede lo que a nosotros: no les gusta correr campo a través. También les resulta desagradable un paseo por la hierba o la maleza mojada cuando llueve, por eso los cuadrúpedos aceptan agradecidos nuestros pasos de fauna bien aplanados, porque las carreteras y los caminos no son más que pasos de fauna del ser humano. Por ellos es mucho más cómodo correr, cosa que puedes advertir en los numerosos rastros dejados en la superficie de las zonas blandas.

Donde el ser humano no interviene, los animales se procuran tales rutas, pero son considerablemente más estrechas, miden sólo el ancho de un animal. No se produce un arreglo metódico. En un momento dado, la jabalina líder de una piara, por ejemplo, encuentra un camino cómodo entre la maleza. El resto de jabalíes la siguen, y hierbas y plantas ya están pisoteadas. La próxima vez esa débil huella aún se distingue y es un poco más cómodo transitar por allí. Con el paso del tiempo y tras muchos años de uso sucede lo mismo que con los senderos humanos: toda vegetación es aplastada y aparece una estrecha franja de tierra rasa. Los conocimientos de estos pasos de fauna de agradable tránsito se pasan de generación en generación, a menos que los humanos desbaratemos los planes de los animales. Así pues, al inicio de mi labor como gestor territorial hice construir una cerca alrededor de un robledo. Había demasiados ciervos que con gusto se hubiesen comido los jugosos brotes de los pimpollos, de manera que hube de protegerlos. Luego resultó que la cerca había cortado un antiguo paso de fauna de los herbívoros grandes y les obligaba a buscarse otros recorridos, lo que conllevó más situaciones peligrosas para los conductores, porque los ciervos aparecían por donde nadie se esperaba. La cerca fue retirada y desde entonces los animales van por sus caminos ancestrales.

Dicho sea de paso, nuestros caminos se han ido formando de igual modo que en el caso de los animales. Es lo que pude observar en «Ruheforst», nuestro cementerio natural. Aquí las hayas antiguas se arriendan como lápidas vivas junto a las que se celebran inhumaciones en forma de sepelio de urnas; así el bosque milenario se libra de la deforestación. Allí, intencionadamente, la explotación forestal no ha trazado caminos ni senderos nuevos para alterar lo menos posible la naturaleza. Sin embargo, se han formado unos cuantos senderos justamente por donde se pasa con especial facilidad entre los árboles y sus millones de pimpollos. También la lluvia ha ayudado. Cuando un frente de mal tiempo se extiende sobre el bosque, las hojas de las hayas jóvenes se empapan de agua. Que nadie las roce con los pantalones, porque en cuestión de segundos estarán completamente empapados. Por consiguiente, uno busca vías por las que hasta cierto punto pueda andar seco, y el leve rastro encuentra permanentes imitadores. Por cierto, que a mí me parece bien, porque así el tránsito de visitantes se concentra en menos tantos por mil del suelo del bosque.

De todos modos, los pasos de fauna no sólo tienen ventajas, ya que debido al intenso «tránsito» atraen también a intrusos. Además de depredadores, que acechan cerca y quieren comerse a los transeúntes incautos, sobre todo hay pequeños artrópodos que esperan aquí su alimento: las garrapatas. Pertenecen a los ácaros y dependen de la ingesta de sangre. Como caminan muy despacio, han de esperar a sus víctimas. ¿Y dónde se espera mejor que en senderos muy transitados? Aquí las garrapatas se agarran de briznas de hierba, ramas u hojas no más altas que el lomo de los corzos o jabalíes. En sus patas delanteras se encuentran unos órganos olfativos con los que puede localizarse la respiración o el sudor de los mamíferos. Además, los pequeños artrópodos perciben los temblores que producen las pisadas que se aproximan.

En cuanto un mamífero grande pasa rozando la hierba, la garrapata estira las patas delanteras y se monta en él. Acto seguido, repta hasta un pliegue de piel blando y calentito y empieza a comer. Así pues, si en verano caminas por los bosques, mejor no uses ningún paso de fauna. En invierno, en cambio, no hay problema, porque con temperaturas bajas las garrapatas no están activas.

Pero volvamos otra vez a la humedad en las piernas. Quizás hayas comprobado ya durante algún paseo lo desagradable que es. ¿Por qué iban los animales a percibirlo de otra manera? Con el pelo húmedo tienen frío y prefieren quedarse en los cómodos senderos. Estos senderos tienen para ellos otra ventaja: la velocidad. Cuando se oye un crujido en algún punto del sotobosque y un enemigo se dispone a apresar un cervatillo o un jabato y a comérselo, las manadas huyen lo más deprisa posible. Y como en el bosque hay ramas gruesas y árboles muertos por doquier, que convertirían la huida en una carrera de obstáculos, lo mejor es correr por las vías despejadas.

Por cierto que en los pasos de fauna acechan más polizones aparte de las garrapatas. Son plantas que esperan aquí otro transporte, concretamente para sus retoños. El galio, por ejemplo, produce pequeños frutos con ganchos. Si pasa un animal y roza la planta, se lleva una porción de las semillas, que vuelven a caer en otro sitio. Se ha comprobado que tales especies se propagan especialmente a lo largo de los pasos de fauna.

Mal tiempo

¿Quién va voluntariamente al bosque cuando hay tormenta? Los impactos de rayos en los árboles son mortales, y un chaparrón fuerte y frío tampoco es una experiencia agradable. Durante varios años ofrecí en mi territorio cursos de supervivencia, en los que los participantes, equipados únicamente con un saco de dormir, una taza y un cuchillo, pasaban un fin de semana en el bosque. Allí dormían y sobre todo buscaban alimento. Durante una de esas búsquedas fuimos sorprendidos por una fuerte tormenta que tuvimos que aguantar forzosamente. Además de la humedad, los impactos cercanos de los rayos generaban desasosiego, que yo disimulaba con acusada serenidad, para no incrementar aún más la inquietud de los participantes. Sin embargo, por dentro sí que sentí cierto pánico cuando a tan sólo unos cien metros de distancia se produjo un fuerte impacto. Porque aunque a uno no le caiga directamente, el entorno de un árbol es igual de peligroso, como luego observé repetidas veces; porque no sólo moría el tronco partido, sino también alrededor de diez árboles más que estaban en las inmediaciones. En un caso extremo pude incluso ver algo así como un lanzamiento de cuchillos. El impacto de un rayo en una pícea provocó tales tensiones que la madera se hizo añicos y salió despedida por la zona con tanta fuerza que algunas de estas cuchillas de madera fueron a clavarse en un tocón cercano.

De todos modos, en el curso de supervivencia fuimos recompensados con una escena increíble tras la tormenta. La lluvia cesó de repente y se abrió un hueco en las nubes por el que el sol brillaba reluciente y ardiente. A nuestro alrededor la vegetación humeaba y de pronto un corzo salió disparado hacia un pequeño claro. El animal empapado hasta los huesos buscaba calor para secarse. Le sucedía lo mismo que a nosotros y sentí un vínculo espontáneo.

¿Qué pasa realmente con los animales salvajes? Han de aguantar fuera todo el año haga el tiempo que haga, y seguro que precisamente en la estación fría es muy desagradable. ¿O no? Examinémoslo con más atención. Primero estaría la piel, que evita mucha más humedad de la que se suele pensar, porque la grasa, que los humanos eliminamos constantemente del pelo con champú, en el fondo lo impregna. La dirección de crecimiento del pelo del lomo es, además, hacia abajo, por lo que, como una especie de teja, lleva el agua hacia allí. Corzos, ciervos y jabalíes permanecen así con la piel seca y por lo pronto no notan la humedad. Para los animales es desagradable sólo cuando un viento fuerte sopla la lluvia en oblicuo y, por lo tanto, también entre los pelos. Los congéneres de más edad lo saben perfectamente y en función de las condiciones meteorológicas se van a un lugar que esté bien protegido del viento. Además, se colocan de tal modo que los cuartos traseros den al viento. De este modo, la cara, más sensible, está protegida. Únicamente una nevada con temperaturas de 0 °C es difícil. Los copos, al derretirse, se abren paso lentamente por entre los pelos y dejan al corzo y al ciervo temblando; en cambio, si hace frío de verdad los animales se sienten a todas luces mejor. Su pelaje invernal se eriza y aísla tan bien que la nieve recién caída está allí encima incluso horas.

¿Nos pasa lo mismo a nosotros? ¿Acaso no preferimos un día helado y despejado a 10 °C bajo cero a un tiempo lluvioso con viento a 5 °C? Así pues, los animales no se sienten sustancialmente distintos, sólo que, en general, aguantan las temperaturas bajas mejor que nosotros. Pero ni siquiera eso es inamovible y para ello he de recurrir de nuevo a un curso de supervivencia. Años atrás organizaba uno incluso en invierno, y justo aquel fin de semana de enero el tiempo fue realmente desapacible. Las temperaturas rondaban los 0 °C y cada hora alternaba la lluvia con la nieve. Hasta la leña estaba tan húmeda que la hoguera a duras penas ardía, y pensé que los participantes querrían abandonar de inmediato. Pero tras una noche en los húmedos sacos, al parecer los cuerpos se habían adaptado tanto que ya nadie tenía frío –por lo visto, habíamos alcanzado el nivel de bienestar de los animales salvajes.

En verano, aparte del sol que calienta, hay otra razón para que los animales, tras un chaparrón bajo el frondoso dosel arbóreo, salgan a un pequeño claro. La fronda de las hayas y los robles sigue goteando después durante tanto tiempo que incluso hay un proverbio popular al respecto: «En los bosques frondosos llueve siempre dos veces». Así pues, los corzos y ciervos se mojan más rato, pero eso no es lo único molesto: las gotas hacen ruido al caer. Con ese ruido ambiental, los animales no pueden oír aproximarse a los depredadores, que aprovechan estas condiciones meteorológicas para cazar un poco. De ahí que, en cuanto cesa el aguacero, prefieran situarse en un claro y escuchar atentamente si todo está en orden.

Más complicada es la situación de los mamíferos pequeños, como, por ejemplo, los campañoles. Cuando en invierno llueve y atravieso el pasto de nuestros caballos, a veces en la ladera sale agua a borbotones de las entradas a las madrigueras. ¿Cómo es posible que sobrevivan a eso los pequeños roedores? Para ellos un pelo húmedo es mucho más peligroso que para los animales grandes, ya que en términos porcentuales, en lo que se refiere a su peso corporal, emiten mucho más calor y aun así tienen una necesidad de calorías relativamente ingente: al día han de comer la cantidad equivalente a su propio peso corporal. Si están mojados, el consumo de energía aumenta notablemente. Y, como no hibernan, tampoco hay receso alguno en el esfuerzo diario por la búsqueda de alimento. De todos modos, les gusta comer sobre todo raíces de hierbas y plantas, y por lo tanto no han de salir con viento helado, sino que pueden resolverlo dentro de las galerías subterráneas. Pero ¿qué pasa cuando allí entra agua? Para eso se anticipan los astutos animales con una arquitectura especial. En primer lugar, en la entrada hay un túnel que baja. El animal puede tirarse por ahí, cuando en caso de peligro tiene que refugiarse corriendo bajo tierra. Las galerías, en principio, son profundas, mucho más profundas de lo realmente necesario. Tras avanzar brevemente por ellas vuelven a subir ligeramente y conducen a unas pequeñas cámaras, que están agradablemente recubiertas de suave hierba. De llover tanto que el agua entrase en la madriguera, ésta se acumula en los tramos más profundos de la galería, mientras que los habitantes están tranquilamente a cubierto. Y como las madrigueras están interconectadas mediante un sinfín de túneles, los animales pueden huir si el agua alcanza sus nidos. Sin embargo, esto no siempre sale bien. Si en caso de lluvia torrencial, sobre todo en invierno, el prado entero queda anegado, el agua atrapa también por lo menos a una parte de los ratones, que se ahogan lastimosamente en sus cámaras subterráneas.

Dolor

Era una tarde fría de febrero y el parto de los cabritos de Bärli, nuestra cabra, era inminente. Estaba inquieta, no paraba de tumbarse y la leche también le había subido ya a la ubre. Mi mujer estaba preocupada. «Esto está tardando demasiado –insistió–. ¿No deberíamos llamar al veterinario por si las moscas?». La tranquilicé. «Bärli lo hará sola. A lo mejor necesita un poco de tranquilidad nada más. Está sana y fuerte, no quisiera intervenir innecesariamente en una situación así».

¡Ojalá hubiera escuchado a Miriam y su séptimo sentido! A la mañana siguiente, los cabritos seguían sin nacer y Bärli tenía dolores visibles; rechinaba los dientes, no quería comer ni levantarse. Eran señales de alarma de primer orden, había que llamar a nuestro veterinario de confianza lo antes posible. Estaba de vacaciones, cogió el teléfono su sustituta, que, sin embargo, vino rápidamente en coche a nuestra casa del guardabosques. Diagnosticó una presentación de nalgas del cabrito, que por desgracia ya había fallecido en el seno materno. La veterinaria lo sacó con cuidado y acto seguido suministró medicamentos a Bärli para prevenir una metritis.

Nuestra cabra se recuperó rápidamente e incluso le conseguimos un hijo adoptivo. Una granja de cabras cercana tenía que dar uno de sus cuatrillizos. No hay cabra que pueda cuidar de cuatro cabritos.

Sólo tiene dos pezones en la ubre y demasiada poca leche para tantas bocas, además. El dueño de la granja se alegró de poder dejar en buenas manos a un miembro de la alegre camada. Untamos al pequeño (que se convertiría en Vito, nuestro cabrío semental) con la placenta del cabrito muerto. Puede que suene repugnante, pero de este modo, Bärli olía a su propia cría, con lo cual se puso a lamerlo en el acto. Madre e hijo sanos; así pues, al menos para ellos dos sí que hubo un final feliz.

Pero volvamos al dolor. ¿Dolor? Como en los peces del capítulo «¿Hay luz en la mollera?», las pruebas siguen poniéndose en tela de juicio. Ahora bien, uno podría situarse en el plano neurológico y aducir toda clase de argumentos por los que similares impulsos y recorridos de señales, patrones cerebrales y hormonas denotan sentimientos semejantes. Pero ¿no es mucho más sencillo? Bärli manifestaba todos los patrones de conducta que también se dan en los humanos. El rechinamiento de dientes (que normalmente las cabras no hacen nunca), la falta de apetito, tumbarse, la apatía: ¿no hay alguno que te resulte familiar de los cuadros de dolor humanos?

Pero hay pruebas más directas aún que experimentamos con nuestras gallinas, cabras y caballos. A todos estos animales los tienen dentro de una valla electrificada de acuerdo con la especie, para que se queden ahí donde hemos dispuesto. Los cercos eléctricos parecen una crueldad, pero otras soluciones son poco factibles. El alambre de espino queda descartado por el riesgo de lesiones, una cerca de madera, cuando menos para las cabras, no sería un obstáculo duradero, y los caballos roerían los postes y tablas con el tiempo. Cómo funciona semejante valla electrificada, qué efecto produce en los animales, es algo que tengo ocasión de experimentar con regularidad. Porque cuando voy ensimismado a ver a los caballos para dividir un trozo nuevo de pasto para ellos, a veces me olvido de desconectar antes la corriente. Entonces una fuerte descarga me arranca de mis sueños y me enfado conmigo mismo. Durante los días siguientes me aseguro varias veces de que el dispositivo del cerco del pasto esté realmente desconectado –algo así despierta los instintos, y en tales situaciones son muy poderosos.

La valla produce exactamente el mismo efecto en los animales. Experimentan una o dos veces lo desagradable que es su roce y en adelante la evitan. Así pues, un cerco eléctrico funciona mediante un dolor inicial y seguidamente a través del mero recuerdo de éste. Como me pasa a mí. Por eso estoy absolutamente convencido de que nuestros animales domésticos sienten la descarga eléctrica exactamente igual que yo. Y no sólo nuestros animales domésticos. En el caso de las gallinas, la red eléctrica cumple básicamente con la función de espantar al zorro; y va muy bien. Los agricultores vallan sus maizales con alambradas cargadas de electricidad para espantar a los jabalíes, y los propietarios de mascotas que no quieran una valla visible pueden enterrar cables. Si el perro o el gato atraviesan esa frontera invisible, reciben una descarga del collar especial. Si eso está bien o no, que lo decida cada cual, pero el hecho es que todos los seres sienten dolor e instintivamente extraen las mismas conclusiones –servidor inclusive.

Miedo

La persona o el animal que no conoce el miedo, no sobrevive, ya que esta emoción protege de los errores mortales. Quizá conozcas esa desagradable sensación a mucha altura, por ejemplo, en un mirador o en la Torre Eiffel parisina. A mí me empieza un hormigueo y me dan ganas de volver a bajar lo más rápidamente posible. Desde un punto de vista evolutivo es algo muy lógico, pues este instinto innato ha protegido a nuestros antepasados de acabar abruptamente el avance de nuestras generaciones hasta hoy con una caída desde un acantilado elevado.

Pero los animales no sólo conocen la intensa emoción del miedo o una amenaza, sino que pueden también procesar conscientemente y tomar medidas a largo plazo para evitarla, como nos demuestran los jabalíes. Para ello haremos una pequeña excursión hasta Suiza, concretamente, al cantón de Ginebra. Aquí la población decretó en 1974 una prohibición de caza mediante referéndum. Los cazadores son los mayores enemigos de los grandes mamíferos. Y como los cazadores y cazadoras pertenecen a la especie *Homo sapiens,* los animales susceptibles de ser cazados temen a todos los humanos. Ésa es la razón por la que salen principalmente de noche por prados y campos, y prefieren pasar el día en los espesos bosques y matorrales –fuera del alcance visual de los peligrosos bípedos–. Como en Ginebra se prohibió la caza, el comportamiento del corzo, el ciervo y el jabalí cambió. Perdieron el recelo y en la actualidad pueden avistarse de día. Pero no sólo los jabalíes de Ginebra cambiaron su comportamiento. En las proximidades, es decir, también en la vecina Francia, se sigue matando con dureza. Y nada más empezar la temporada de caza, sobre todo con batidas y jaurías en otoño, los puercos se convierten en dotados nadadores. Cuando resuenan en el aire las señales de corneta y aumenta el estampido de las peligrosas escopetas, muchos cerdos abandonan la orilla francesa y atraviesan a nado el Ródano hasta el cantón de Ginebra. Aquí están a salvo y pueden dejar con un palmo de narices a los tiradores franceses.

Los jabalíes nadadores demuestran tres cosas: por un lado, reconocen el peligro y son capaces de recordar la caza del año anterior, en la que murieron familiares bajo una lluvia de balas o se quedaron rezagados por estar gravemente heridos. Por otro lado, seguro que sienten miedo, porque éste los mueve a abandonar el territorio en el que han estado tan a gusto en verano. Y, en tercer lugar, han de ser capaces de recordar que en el cantón de Ginebra están a salvo. Durante un largo período de más de cuatro décadas es algo que se ha convertido en una tradición que se ha transmitido de generación en generación de jabalíes: en caso de peligro hay que refugiarse al otro lado del río. Es lo que descubrieron en la década de 1970 los antepasados de estos valientes omnívoros a base de ensayo y error.

Sin embargo, los animales también pueden generar el miedo a partir de un recuerdo, como ya hemos visto en el ejemplo del cerco eléctrico. Al igual que en nosotros determinadas canciones, olores o imágenes pueden recuperar nuestros pensamientos sobre sucesos amenazantes de las profundidades de nuestro subconsciente, en los perros, por ejemplo, funciona. Si tienes un cuadrúpedo en la familia, puede que hayas constatado lo mismo que nosotros. A Maxi, nuestra pequeña münsterländer, le gustaban el movimiento y los cambios –pero no el veterinario–. En el veterinario había inyecciones de vacunas, en ocasiones también eliminaciones de sarro y el desagradable vaciado de las glándulas anales. No es de extrañar que Maxi tiritara cada vez sobre la mesa de exploración y soportara toda clase de procedimientos como una pobre desgraciada. Pero no sólo eso: ya en el trayecto hacia el veterinario la perra percibía por la ventilación del coche el olor del propio entorno y empezaba a asustarse cuando torcíamos por el aparcamiento. En su cabeza debía de reproducirse una película concreta que anticipaba la desagradable situación. Queda probado que los animales son capaces de sentir miedo. Además, las reacciones de nuestra perra ponen de manifiesto algo completamente distinto: los perros, como también muchas otras especies, son capaces de recordar algo durante mucho tiempo (al igual que nuestras cabras con el cerco eléctrico), porque, al fin y al cabo, a veces había un intervalo de más de un año entre visita y visita al veterinario.

Aun cuando suene poco bonito (y lo sea): a la mayoría de los animales salvajes les ocurre lo que a Maxi. Nada más vernos, tienen miedo, al menos por debajo de determinada distancia. Sin embargo, lo interesante sería saber, más allá de eso, cómo nos ven ellos. ¿Nos distinguen del resto de los animales? ¿Tienen idea de que hacemos ordenadores, conducimos coches, es decir, que mentalmente, en algunos ámbitos al menos, les damos mil vueltas? A la inversa –a excepción del animal doméstico–, tampoco ninguna especie concreta tiene para nosotros una trascendencia especial y absolutamente preponderante como para gozar de mayor visibilidad que el resto. Así pues, ¿a un corzo le da igual si ve un ser humano, un águila ratonera o un erizo? En principio sí, y a lo mejor lo entenderás si piensas en tu último paseo por el bosque. Las especies raras o especialmente grandes o coloridas quizá llamen la atención, pero ¿puedes recordar cada pájaro, describir el aspecto de cada mosca? Seguramente no, porque que nuestro entorno esté repleto de criaturas es tan normal que ya no percibimos en detalle todo lo que se arrastra y vuela a nuestro alrededor.

Difícilmente podemos acercarnos con más detalle a la perspectiva ajena, puesto que es casi imposible ponerse en el lugar del otro. ¿Cómo van a lograrlo otras especies? La forma más sencilla de valorarlo es mediante las reacciones mostradas con nuestra aparición. En ello desempeña un papel absolutamente crucial que ejerzamos o no una marcada influencia en la vida cotidiana de los animales. Influencia que, por una parte, puede darse a través del dolor o incluso la muerte mediante la utilización animal/caza, y, por otra, a través de los aspectos positivos de la cría, como el abastecimiento de forraje. A mí, personalmente, la situación sin influencia me parece particularmente sugestiva, es decir, cuando no perjudicamos ni favorecemos a los animales. Por lo general, las otras especies se comportan como en el paraíso: nos ignoran sobremanera. Un ejemplo especialmente drástico de la lejana África circuló por Internet en el verano de 2015. El reportaje del *Spiegel online* mostraba una foto del sudafricano Parque Nacional Kruger. Allí unos leones despedazaron a un antílope en una carretera muy transitada, en medio de la circulación. Lo que para los conductores fue tan sorprendente como chocante, demostraba sobre todo una cosa: a los depredadores les daba totalmente igual que como telón de fondo hubiese arbustos, piedras o precisamente personas en sus automóviles.[60]

Ejemplos más inofensivos son los safaris fotográficos en los parques nacionales del continente, en los que se puede estacionar a pocos metros de cebras, perros salvajes o antílopes. Sea en las islas Galápagos, en las costas de la Antártida, en los puertos deportivos de California o en la zona de Yellowstone: en cualquier lugar las criaturas dejan que nos acerquemos mucho a ellas, sin volverse suspicaces. Entonces ¿por qué eso no funciona en Europa central? Al fin y al cabo, tenemos una de las densidades de población de mamíferos más elevadas del mundo. Por kilómetro cuadrado de superficie forestal viven con nosotros alrededor de cincuenta corzos, ciervos y jabalíes. Y aunque estos animales en principio deberían avistarse las veinticuatro horas del día, uno se topa con ellos generalmente sólo de noche. El motivo ya lo debes de conocer a estas alturas: aquí se caza exhaustivamente.

Los seres humanos son «animales visuales», es decir, que cazan por la vista. Por consiguiente, el objetivo de la presa potencial debe ser desaparecer del alcance de este sentido. Si cazáramos por el olfato, los animales a lo mejor perderían sus efluvios con el paso de las generacio-

---

60. www.spiegel.de/panorama/suedafrika-loewen-zerfleischen-ihre-beute-zwischen-auto-fahrern-a-1043642.html, consultado el 04-09-2015.

nes, si cazáramos por el oído, probablemente serían silenciosos en extremo. Pero aspiran a escapar de nuestro campo visual, cosa que ocurre principalmente durante las horas del día: como nosotros vemos poco o nada en la oscuridad, nuestra presa reserva su actividad para la noche. Con el tiempo se ha acabado dando por sentado que corzos, ciervos o jabalíes son activos de noche. Pero no lo son, porque necesitan alimento ininterrumpidamente a intervalos regulares. Lo buscan durante el día en matorrales escondidos o en bosques profundos y no, como sería realmente lo normal para su especie, en prados o a lo largo de los lindes del bosque. Sólo se atreven a volver a salir de las zonas ocultas a la vista tras el inicio del crepúsculo, cuando los seres humanos están visualmente incapacitados. Únicamente las crías muy hambrientas o incautas salen antes y osan acceder a la zona de las torretas de caza. Los llamaríamos «puestos elevados», pero para el corzo y el ciervo son artefactos mortíferos, en los que se sientan sus mayores enemigos, ocasionándoles una muerte repentina con estampidos y humo.

Y no es mi interpretación personal. Colegas y cazadores tienen muy claro que la caza va adquiriendo experiencia. Una manada de ciervos asiste al disparo contra un congénere de la siguiente manera: hay una detonación y de repente huele a sangre. Con frecuencia, el tiro no es certero y el animal alcanzado puede en todo caso huir de estampida unos cuantos metros antes de desplomarse coceando. Esta visión, unida al olor de las hormonas del estrés, se graba en la conciencia de los miembros de la manada. Cuando, acto seguido, empiezan los crujidos y el movimiento en el puesto elevado, porque el cazador baja de éste y quiere recuperar la caza abatida, los inteligentes animales establecen la debida conexión. A partir de entonces, antes de pisar la vereda miran con recelo en dirección al puesto elevado, para ver si hay alguien sentado o no ahí arriba. Claro que también podrían no acercarse, pero los artefactos de caza suelen situarse en lugares en los que crecen alimentos especialmente sabrosos. Y en caso de que, en tanto cazador, uno no encuentre nada, se siembra la correspondiente mezcla de atractivas plantas de pasto. Semejantes mezclas se llaman, por ejemplo, «puchero de caza y campo». ¿A que suena sabroso? Así pues, la noche se convierte siempre en un juego de ruleta. Si vence el hambre, corzos y ciervos van demasiado pronto a la vereda y, por consiguiente, entran dentro del campo visual de los tiradores. Si prevalece el miedo, entonces los hambrientos no llegan a mesa puesta hasta que está oscuro como boca de lobo y los cazadores se van con las manos vacías.

De lo sensibles que llegan a ser los ciervos dan cuenta los investigadores del Parque Nacional Eifel. Allí, un guardabosques y cazador y un obrero forestal tenían la misma marca de automóvil. Mientras que los venados emprendían la retirada nada más aparecer el vehículo del guardabosques, los animales no se inmutaban cuando el obrero forestal bajaba por el camino. Pero no sólo los venados atesoran la habilidad de distinguir a las personas peligrosas de las no peligrosas; también nuestras mascotas confían en su instinto. Lo que el cazador es para el ciervo y compañía, lo es el veterinario para el perro y el gato.

De todos modos, los cazadores son considerablemente más peligrosos. No es de extrañar, pues, que algunas especies sean capaces de recordar qué persona está rondando exactamente por ahí fuera. Mientras que, en principio, perciben a los niños como inofensivos, los arrendajos raras veces se arredran ante los paseos de los adultos. Sin embargo, cuando los cazadores se aproximan, se arma jaleo y la fauna es advertida con un sonoro parloteo. Por eso los pájaros coloridos siguen siendo, por desgracia, el objetivo de los disparos de muchos cazadores, pese a que por la distribución de semillas arbóreas sean prácticamente insustituibles en el bosque.

La aparición de los seres humanos en el hábitat de la caza genera estrés. Así pues, el porcentaje de tiempo que se necesita para valorar la seguridad pasa del 5 a más del 30 por 100 del día cuando constantemente aparece por la zona algún bípedo.[61]

Eso se aplica cuando menos a las personas poco predecibles. Con los excursionistas, ciclistas o jinetes que no se apartan de los senderos,

61. Dr. Petrak, Michael: *Rotwild als erlebbares Wildtier – Folgerungen aus dem Pilotprojekt Monschau-Elsenborn für den Nationalpark Eifel*, «Von der Jagd zur Wildbestandsregulierung», *NUA*, n.º 15, p. 19, Natur- und Umweltschutz-Akademie des Landes Nordrhein-Westfalen (NUA), mayo de 2004.

no hay ningún problema: hacen ruido y se mueven por itinerarios visiblemente predeterminados. Mientras no se aparten de la vista de la caza, es evidente que van directos de A a B y los animales, que observan desde un escondite diurno seguro, no tienen nada que temer; por el contrario, los buscadores de setas, ciclistas de montaña o incluso también los cazadores y guardabosques suelen desplazarse a campo través. Y, como la mayoría de estos grupos de personas va por su cuenta, no se oye ninguna conversación animada a partir de la cual la caza pueda hacer una estimación de la ruta tomada. Únicamente cruje alguna ramita aquí y allí bajo las suelas de los zapatos y quizá se oiga algún ligero carraspeo –eso es todo–; cosa que a ciervo y corzo les da mala espina y, por si las moscas, prefieren irse precipitadamente.

Pues bien, podría objetarse que eso siempre ha sido así. ¿Qué más da si quien caza es una manada de lobos o el ser humano? Bueno, una diferencia sustancial es el número de cazadores. Mientras que en los territorios lobunos hay un cazador cuadrúpedo cada cincuenta kilómetros cuadrados, en nuestro caso a día de hoy se apretujan en la misma superficie más de diez mil depredadores bípedos. Que no todos van armados es algo que la caza no puede verificar así como así. De manera que, en caso de duda, retrocede ante cualquier posible agresor y, en general, se deja de excursiones a pastos suculentos a plena luz del día. Para la fauna, sobre la que se levanta la veda, la situación es, pues, bien dramática. Ya que, por lo demás, esta situación no se da en parte alguna del reino animal: que para cada presa potencial haya varios cazadores potenciales (naturalmente es a la inversa).

Por consiguiente, que fuera, en el bosque y el campo, reinen el miedo y la desconfianza no es de extrañar. Echemos un vistazo a las especies animales que han de soportar el estrés de la caza. Ya he mencionado a los ciervos, corzos y jabalíes. A ellos se suman estos mamíferos: rebecos, muflones, zorros, tejones, liebres, martas y comadrejas. Hay, además, algunas especies de aves como las perdices, diversas especies de palomas, gansos y patos, gaviotas, becadas, garzas reales, cormoranes y cuervos. ¿Es sorprendente que a duras penas logremos ver algo de este colorido espectro? Imagínate lo contrario, que por Europa central deambulasen de dos a tres mil leones por kilómetro cuadrado. Ésa sería aproximadamente la superioridad correspondiente por habitante humano, que es a lo que se enfrentan los animales salvajes cazados con respecto a los bípedos. Y ahora volvamos a la perspectiva desde la que estos animales nos ven: aquí en todo caso cesa mi imaginación. Yo ya no me atrevería a asomarme por la puerta de casa si detrás de cada arbusto, en cada esquina, acecharan peligros mortales. O por lo menos también saldría sólo de noche si supiera que mis perseguidores al fin duermen o como mínimo no van a cazar.

El que ha presenciado cómo un miembro de la familia se desploma ensangrentado, el que es sacudido por un susto de muerte y el pánico desencadenado, probablemente transmita esa vivencia durante generaciones.

Algo que funciona hasta sin lenguaje, como se ha constatado, puesto que el susto no sólo se mete en el cuerpo, sino incluso en los genes, como dio cuenta el diario *Die Welt* ya en 2010.[62] El Instituto Max Planck de Psiquiatría de Múnich descubrió que con las experiencias traumáticas se almacenan determinados elementos (grupos metilo) en los genes. Actúan como interruptores y alteran su acción.[63] De esta manera, según los investigadores, puede cambiarse el comportamiento de por vida, como demostraron a modo de ejemplo con ratones. La investigación presupone asimismo que mediante estos genes alterados pueden heredarse determinados patrones de conducta. En otras palabras: no son sólo características físicas las que se transmiten a través de nuestro código genético, sino hasta cierto punto también experiencias. ¿Y qué experiencia puede ser más traumática que una lesión grave o la muerte de un pariente cercano? No es bonito pensar que gran parte de nuestra fauna vive traumatizada a nuestro alrededor.

Pero, por suerte, la convivencia entre fauna y seres humanos tiene también su parte bonita. Hay esperanzas de que también en Europa

62. www.welt.de/welt_print/wissen/article5842358/Wenn-der-Schreck-ins-Erbgut-faehrt. html, consultado el 09-12-2015.
63. Spengler, D.: «Gene lernen aus Stress», Informe de investigación 2010, Instituto Max Planck de Psiquiatría, Múnich, www.mpg.de/431776/forschungsSchwerpunkt, consultado el 09-12-2015.

central podamos convivir en paz, como pone de manifiesto la creciente densidad de población salvaje en las ciudades. En el reino animal se rumorea que aquí se ha establecido una especie de reserva natural. De hecho, las superficies edificadas pertenecen a las así llamadas zonas pacíficas, en las que la caza está básicamente prohibida. Así pues, Berlín, Múnich o Hamburgo se distinguen únicamente por la construcción de parques nacionales. Jabalíes en los jardines delanteros a los que ya no hay quien eche (¿por qué será?) y que remueven los arriates de tulipanes; zorros que cavan sus madrigueras a lo largo de terraplenes de carreteras; mapaches que se instalan en garajes y desvanes –la fauna está como pez en el agua en el seno de nuestra civilización–. Para nosotros, el asfalto y las monótonas hileras de casas equivalen a un alejamiento de la naturaleza, los ojos de los animales no ven en ellos más que un hábitat excepcional rico en rocas, en el que las cimas tienen caprichosamente formas cúbicas. Cada vez más las reservas urbanas se revelan como joyas ecológicas. Así, Berlín, con alrededor de un centenar de parejas anidadoras, tiene una de las mayores poblaciones de azores. Las aves anidan en los parques urbanos y desde allí dan caza a conejos y palomas. Yo mismo vi a un zorro cerca de la Puerta de Brandemburgo, comiéndose tranquilamente una salchicha al curry que habían tirado.

No todos los ciudadanos saben lidiar con tanta proximidad. Eso me contó una anciana que sentía miedo cuando se presentaba un zorro a la puerta de su terraza. En ese momento, en un rincón de la mente, centellean en el acto términos como «rabia» o «tenia del zorro» y aguan una experiencia de la naturaleza realmente maravillosa. El peligro que constituyen los animales salvajes se mantiene dentro de unos límites. La rabia se erradicó hace ya muchos años y la tenia del zorro es, cuando menos en la naturaleza, más bien infrecuente. Cómo funciona la cadena de infección del ratón al zorro y lo problemáticos que son los excrementos de éste último, ya lo he mencionado. Si los perros se comen un ratón infectado (¡y hay muchos perros que cazan ratones!), entonces excretan con sus aguas mayores también muchos miles de huevos. Además, se limpian debidamente el pelo a lametazos y los diminutos huevos pueden esparcirse por la casa. Más peligroso que el zorro es, pues, el propio perro, si no es regularmente desparasitado.

Pero tal vez exageremos también los peligros de la naturaleza salvaje sólo porque, de lo contrario, no habría nada más que temer. ¿Acaso nuestro arcaico sistema instintivo debe simplemente descargarse contra algo «peligroso»?

Puede que con los jabalíes la cosa sea un poco distinta cuando tienen jabatos. Un conocido de Dahlem, Berlín, me contó que a los animales tampoco hay forma de echarlos del jardín mediante fuertes chasquidos –más no se puede hacer.

El milano, un ave de presa enorme, es otra de las especies que busca el contacto humano y con el paso del tiempo incluso se ha especializado en determinados individuos. Antes estas aves se cazaban y perseguían, pero, desde que están protegidas, les gusta estar cerca de las personas. Por lo menos de aquellas que tienen un tractor. Cuando en verano se siegan los prados, se benefician del trabajo de los agricultores, ya que las pesadas máquinas no sólo cortan hierba, sino que transportan al nirvana un gran número de ratones y demás animalillos. No suena bien, tampoco está bien, pero para el milano es, literalmente, el paraíso. Tan pronto como aparece un tractor en el campo y empieza a trabajar, se divisan también en Hümmel las majestuosas aves. Con su envergadura de 1,60 metros planean en un vuelo rasante tras las máquinas, siempre en busca de ratones aplastados o corcinos triturados.

Peor vistas están las martas, aunque son animales realmente bonitos. Como en las zonas urbanizadas no se les da caza, y en el bosque y el campo la caza con trampas antaño habitual ha disminuido mucho, en gran parte han dejado de tenernos miedo. Nosotros criamos una vez a un animal abandonado, que se dejaba acariciar pacientemente mientras emitía una especie de ronroneo –igual que un gato que se siente a gusto–. Primero le dimos comida en lata, pero, para prepararlo para vivir en libertad, le dimos también ratones para desayunar. Poco tiempo después el animal era tan salvaje que sólo podíamos tocarlo con un guante. Al final abrimos la puerta de su caseta para que él mismo pudiera decidir cuándo dejarnos. Tres noches después llegó el momento: la jaula se quedó vacía y no había ni rastro de la marta. Pero tal vez siga colándose por las noches en nuestro terreno, porque, después de todo, pueden superar los diez años de edad.

De todas formas, que con nuestra contribución hayamos hecho un bien es cuestionable; al fin y al cabo, estacionan dos coches delante de la casa del guardabosques: un todoterreno para trabajar en el bosque, además de un automóvil para trayectos privados. Un día me encontré tirado delante del capó del jeep un trozo de tubo de goma. Abrí el capó enseguida y menuda sorpresa: una marta había mordisqueado afanosamente algunos cables y tubos; así que no hubo más remedio que ir al taller.

Pero ¿por qué el animal causó tales destrozos dentro del compartimento del motor? Dicho sea de paso, *la* marta no existe, puesto que hay dos tipos de especies de estos animales en Europa central: la *Martes martes* (marta) y la *Martes foina* (garduña). La *Martes martes* es un astuto habitante del bosque que gusta de dormir en las cavidades de los árboles y, por lo demás, corretea con destreza por las ramas de sus copas. La garduña, en cambio, no está tan ligada a los árboles, sino que también está a gusto en otros parajes. Pueden ser también rocas y cavidades, o incluso casas, que, a fin de cuentas, no son más que angulosas montañas. Aquí la curiosa garduña va en busca de presas y lo examina todo con sus afilados dientes. Sin embargo, los cables partidos, los tubos destrozados y las planchas aislantes rasguñadas del compartimento del motor no evidencian curiosidad, sino una furia ilimitada. Y furiosos son capaces de ponerse los pequeños depredadores cuando sospechan que hay competencia. Las martas marcan su territorio con glándulas olfativas, que indican a todos los congéneres del mismo sexo un claro «¡ocupado!». Normalmente, los colegas respetan la barrera olfativa y dejan a los demás en paz. Como se está tan a gusto debajo del capó, «tu» marta doméstica va a tu coche con regularidad. En ocasiones, deposita incluso algunas provisiones; por eso un día nos encontramos encima de la batería una pata de conejo. Sin embargo, estas visitas no ocasionan daños. Sólo cuando aparcas tu vehículo de noche en terrenos desconocidos la cosa se agrava.

Aquí deambulan otras martas que investigan el objeto extraño y registran la cavidad, dejando huellas olfativas. De vuelta en el terreno natal, tu marta doméstica está desconcertada. Ha de dar por hecho que un congénere ha infringido todas las reglas del juego y utilizado sin permiso su cavidad predilecta –¡una ofensa grave!–. Encendida de rabia, trata de eliminar las huellas y se vuelve agresiva contra el rival. Los tubos flexibles son ideales para desahogarse y no los muerde con cuidado como a la hora de investigar, sino que los arranca brutalmente. Hasta qué punto se enfurecen los animales suele notarse en la plancha aislante que se coloca en la cara interna del capó. Algunas veces no son más que arañazos, pero en el caso de nuestro antiguo Opel Vectra comprobamos que el material colgaba hecho jirones. Saltaba a la vista que la marta la había emprendido a golpes como una loca tumbada boca arriba y se había dedicado a arrancar pedazos enteros con sus afiladas garras. A las denominadas martas de los vehículos no es que les gusten necesariamente los coches, sino que detestan la competencia. Si por las noches aparcas siempre en el mismo sitio no debería pasar nada.

Para disuadir a los animales hay actualmente un sinfín de trucos. Cabellos humanos en saquitos o blocs para inodoro, que se cuelgan en el compartimento del motor, son ejemplos de un remedio eficaz para unos cuantos días como mucho. Durante bastante tiempo nosotros probamos con pimienta, que espolvoreábamos encima del motor. A la larga aquello tampoco funcionó, pero sí un aparato de electrochoque empotrado, que consta de unos pedales. Estos aparatos se colocan en las entradas habituales del animal y al primer contacto éste los evitará. Igual de bien va el aparato de ultrasonido con *flash,* que reacciona al movimiento. Los aparatos que emiten ultrasonidos constantes, vuelven insensibles a los animales. Además, el ruido permanente no es sano para los murciélagos y otras especies –por eso lo desaconsejaría.

¿Y qué pasa con nuestras mascotas? ¿Nos idolatran, se quedan voluntariamente con nosotros? ¿O quizá sea el miedo lo que los mantiene a nuestro lado? Si instalamos una cerca, huelga la pregunta –vacas, caballos y también nuestras cabras son, estrictamente hablando, prisioneros, aunque probablemente no se sientan así–. Se da ahí una des-agradable equiparación que tiene que ver con el síndrome de Estocolmo. Su descubridor, el psiquiatra americano Frank Ochberg, investigó la relación autor-víctima del atraco a un banco sueco en el año 1973. Los rehenes experimentaron unos sentimientos hacia el secuestrador de treinta y dos años, que se parecían a los de los hijos hacia sus madres; por el contrario, detectaron odio hacia la policía y las autoridades. Este proceso paradójico es típico de muchas situaciones semejantes y se considera un reflejo de protección psíquica para salir relativamente ileso de la situación amenazante.[64]

Si los animales tienen un alma de sensibilidad similar (cosa que presupongo), tal vez desarrollen también estrategias parecidas. Al tenerlos encerrados, de entrada no nos tienen confianza y guardan distancias desconfiados. Sólo al cabo de algún tiempo nos saludan con alegría cuando nos dirigimos al pasto y nos ven de lejos. ¿Suena feo? Tener a cabras y caballos toda su vida encerrados detrás de un cerco no es lo que la naturaleza ha previsto para ellos. No nos engañemos: estos animales no dudarían en irse corriendo a otra parte si los dejáramos. Pero que realmente desarrollaran una especie de síndrome de Estocolmo sería la mejor opción, porque así aceptarían su destino y no les resultaría desagradable.

Que a nuestras cabras y caballos les encanta estar a nuestro lado es algo que solemos constatar cuando trajinamos en el prado. Claro que el alegre recibimiento que genera nuestra aparición también podría tener que ver con el hecho de que les damos de comer –en ese caso nos estarían ovacionando únicamente porque les llevamos la comida...–.

Con los perros y gatos la cosa es un tanto distinta. Al inicio de la relación aún no, como es lógico, ya que también en ese caso hay un vínculo involuntario, al ser los animales llevados a casa y tener que estar allí algunos días bajo arresto o pasear con correa, hasta que se han acostumbrado a las personas. De manera que no es una aclimatación del todo voluntaria lo que tiene lugar. Pero, seguidamente, perro y

---

64. Stockholm-Syndrom: «Wenn das Gute zum Bösen wird», *Der Spiegel*, 24-08-2006.

gato recuperan su libertad y en lo sucesivo bien podrían escapar, cosa que, sin embargo, no hacen. Más bonitos aún son los pocos casos en los que ejemplares sin dueño se arriman a un ser humano. En estas relaciones no hay nada forzado y ponen de manifiesto que la convivencia auténtica es posible.

Por cierto, que algo así no se da sólo entre ser humano y animal, sino también entre distintas especies animales. Los lobos y los cuervos forman semejantes tándems, como me informó la investigadora de lobos Elli Radinger. Así pues, a los cuervos les encanta convivir con manadas de lobos y hasta los cachorros juegan con las aves negras. Si se acercan enemigos grandes, como, por ejemplo, el oso grizzli, los cuervos avisan a sus amigos cuadrúpedos, que les corresponden dejando a sus amigos plumíferos comer de su presa.

Alta sociedad

¿**H**as leído *La colina de Watership?* Es una novela conmovedora sobre unos conejos que viven en un condado inglés. Emigran, se buscan un nuevo hogar y allí han de luchar contra clanes locales establecidos, hasta que por fin se hacen con un hueco para su propio grupo. En nuestro jardín de la casa del guardabosques alojamos asimismo a una familia de conejos. Hazel, Emma, Blacky y Oskar viven en un pequeño cercado con libertad de movimiento y refugios resistentes a la intemperie. Ahí podemos observar bien su vida social. Hay conflictos y peleas, pero con mucha más frecuencia cariño. Los animales se lamen mutuamente el pelo o se tumban en los días calurosos de verano, acurrucados a la sombra en paralelo. Naturalmente, también tienen su jerarquía, pero con sólo cuatro animales no podemos averiguar gran cosa.

Todo lo contrario que el catedrático y doctor Dietrich von Holst, de la Universidad de Bayreuth. Estableció una zona de pruebas de 22.000 metros cuadrados de extensión para conejos salvajes y estuvo allí observándolos durante veinte años. El tamaño de la población osciló constantemente, porque las enfermedades y los depredadores se llevaron hasta al 80 por 100 de los animales que habían alcanzado la madurez sexual. Por otra parte, los roedores se reproducían como los proverbiales conejos, de manera que la población se incrementó hasta el centenar de adultos. Sin embargo, estas fluctuaciones no afectaban a todas las «capas sociales» por igual. Los conejos se atienen a una estricta jerarquía que existe para cada uno de los sexos. La posición correspondiente es defendida a rabiar, y por una razón de peso: los animales dominantes se reproducen con más éxito. Los machos y hembras que llevan la batuta es verdad que son más agresivos, pero en general tienen menos estrés. Cosa que parece lógica; al fin y al cabo, el oprimido vive con un temor constante al siguiente ataque. El que está en lo alto de la jerarquía únicamente en los momentos puntuales de fuerza tiene el correspondiente nivel hormonal. No es de extrañar que el catedrático Von Holst pudiera certificar un índice de estrés menor en los conejos dominantes.

Además, estos animales tenían un contacto social especialmente intenso con respecto al otro sexo, lo que contribuía asimismo a la distensión. La longevidad media de los animales adultos ascendía a dos años y medio, lo que ponía de manifiesto claras diferencias dentro de la jerarquía. Mientras que los animales de los rangos más inferiores a menudo morían a las pocas semanas de alcanzar la madurez sexual, los de la alta sociedad conejil vivían hasta siete años. Y no porque hubieran comido más o los depredadores los hubiesen matado con menos frecuencia, no, probablemente fuese decisivo el estrés más módico. Una vida sin miedo y, en consecuencia, más tranquila implicaba un riesgo menor de enfermedades intestinales, la causa de muerte principal entre los lepóridos.

Bueno y malo

Los animales no son mejores personas, ya que pueden ser realmente muy agresivos. No sólo con otras especies, no, también entre sí, como demuestra un vistazo a nuestro jardín. Hay cuatro colmenas dando a la carretera, que a menudo vuelan por el campo para recolectar néctar. Es una tarea agotadora; después de todo, para un único gramo de miel hay que visitar de 8000 a 10.000 flores.[65] La dulce carga no se recolecta para mí en cuanto apicultor, sino que en invierno sirve de proveedor de energía para la colonia que tiembla de frío. Si en verano las cosas no salen según lo planeado y las provisiones aún no son lo bastante abundantes, buscan fuentes más productivas. Sin embargo, en ocasiones no son flores de colores las que prometen la salvación, sino una oportunidad que de pronto se presenta en un sitio completamente distinto: en una colonia débil de la vecindad. Las exploradoras examinan su predisposición defensiva y, si ha mermado, por ejemplo, debido a una infestación parasitaria o al empleo de insecticidas agrícolas, se pasa al ataque. En el orificio de entrada de la colmena se lucha encarnizadamente, pero los defensores son capaces de parar a los invasores por poco tiempo nada más. En un momento

---

65. Lattwein, R.: «Bienen – Artenvielfalt und Wirtschaftsleistung», p. 8, editado entre otros por el Ökologisches Schulland Spohns Haus Gersheim y el Ministerio de Medioambiente del Sarre (Saarbrücken), 2008.

dado, la superioridad de los últimos es tan ostensible que una oleada de abejas foráneas pasa junto a las últimas combatientes agonizantes y penetra en el interior. Se abalanzan sobre el panal y arrancan con brutalidad la lámina de cera. Llenan a toda prisa sus estómagos de miel y vuelan hasta casa, portando también la feliz nueva para el resto de los miembros de su colonia de que allí hay abundante alimento almacenado. En torno a la colmena de la colonia débil retumba el fragor de miles de alas de las exploradoras que van y vienen. Cuando no hay nada más que recoger, vuelve la calma absoluta. Por desgracia, yo también tuve semejante espectáculo en mi jardín y cuando levanté la tapa de la colonia eliminada, me encontré con la devastación absoluta: panales rotos y destrozados, cuyos restos yacían en el suelo como migajas de cera; y un par de abejas muertas de por medio, eso fue todo.

Pues bien, los agresores no están nada contentos. Han aprendido que es mucho más fácil vivir atacando a los vecinos. Si se tercia, pasan a la siguiente colonia. Como apicultor lo único que puedes hacer es separar a las abejas pendencieras, llevando una de las dos cajas a kilómetros de distancia y dejando que allí sus individuos se tranquilicen. Lógicamente, eso no es posible en la naturaleza, allí la fiesta sigue hasta que se encuentran dos colonias fuertes que se tienen mutuamente en jaque.

Semejantes reacciones de pánico poco antes del invierno no las viven únicamente las abejas. Los osos pardos, por ejemplo, no pueden almacenar provisiones para hibernar, sino que tienen que incrementar su capa de grasa. Si en otoño consiguen poco alimento o si los animales son viejos y ya no pueden acumular tanto, la cosa se complica – también para los humanos–. Un documentalista me contó la triste historia de su colega Timothy Treadwell. Se consideraba un amigo de los osos y rechazaba toda medida de protección. Un día se dedicó a observar a un viejo grizzly macho en el Parque Nacional de Katmai (Alaska). Por lo visto no estaba bastante gordo para la estación fría del año, quizá porque ya no era lo suficientemente rápido pescando salmones. Los especialistas consideran especialmente peligroso a un animal así. Como siempre, Treadwell no llevaba consigo ni arma ni espray de pimienta. De pronto, el viejo oso lo atacó y lo mató. Su novia, que había visto todo conmocionada desde muy cerca, empezó a chillar. Este «grito del depredador» (el grito de miedo de una presa, que impulsa el instinto de caza del predador) fue seguramente la señal de que había más por capturar, así que al final también la mujer fue víctima del oso hambriento. La encontraron más tarde enterrada cerca de la tienda de campaña. Por eso los últimos minutos de la parejita pueden entenderse tan bien, porque se ha conservado un archivo de audio. Resulta que había una cámara grabando, porque al principio Treadwell quería grabar a los viejos osos. Se dejó la tapa en el objetivo, pero aun así los ruidos se grabaron.

Volvamos a las batallas entre animales. De batallas desde el punto de vista de los conflictos humanos únicamente puede hablarse de las especies que viven en grandes agrupaciones sociales. En nuestras latitudes hay afinidad entre las abejas, avispas y hormigas, que realizan saqueos similares a los de las colonias de nuestro jardín. Si, por el contrario, son individuos sueltos los que se lanzan al cuello de otros, se habla de luchas, como ocurre con muchas aves macho o mamíferos.

¿Pueden los animales, por lo tanto, ser crueles y malos? Desde luego, a veces dan esa impresión. Mi despacho tiene dos ventanas en ángulo, por las que veo un abedul octogenario que hay frente a la casa del guardabosques. El viejo árbol (los abedules rara vez viven más de cien años) ha sido erosionado por el paso del tiempo o, mejor dicho, por el pájaro carpintero. A cinco metros de altura hay una cavidad natural, que con los años ha sido utilizada por distintas especies de aves. Después del pájaro carpintero durante varios años se instalaron trepadores, luego un buen día estorninos. Las moteadas aves se pusieron a criar con éxito a sus crías. Un día oí un tremendo alboroto y al mirar por la ventana vi una urraca que se acercaba al árbol una y otra vez. De repente se posó en el orificio del nido y sacó a una cría de estornino. La dejó caer al suelo junto al árbol y empezó a picotearla. Instintivamente, dejé lo que estaba haciendo en el despacho y salí corriendo. La urraca se alejó volando un par de metros y soltó a su presa. El joven estornino estaba totalmente aturdido, pero no parecía que hubiera sufrido heridas de consideración. Me fui a buscar una escalera y lo volví a dejar con cuidado en el nido. Hasta donde pude observar, no hubo más ataques y el pájaro pudo empezar una vida con sus hermanos.

A pesar de todo es probable que la cosa no fuera del todo bien; y por mi culpa, además. ¿Qué derecho tenía yo a meterme en el enfrentamiento? Vale, el pequeño estornino me dio pena, no fui capaz de quedarme mirando cómo lo mataban. Sin embargo, desde el punto de vista de la urraca, ¿no se trataba de un simple pedazo de carne que necesitaba con urgencia para alimentar a sus polluelos? ¿Y si precisamente por eso una de esas crías moría de hambre? En el momento en que la cría de estornino había sido sacada a la fuerza de la cavidad, la urraca me pareció mala. Pero ¿de verdad lo era? ¿Qué es ser malo? ¿Puede semejante cualidad depender de la perspectiva? De ser así, desde el punto de vista de la urraca yo era el malo que había impedido que la madre o el padre se hicieran con la presa. Para su especie, la hermosa ave negra y blanca había actuado de forma irreprochable. Pero probablemente yo también sea un ejemplar más bien típico de mi especie; porque compasión es lo que quizás habrían sentido casi todos los que lo hubieran presenciado.

¿Qué pasaría si en el incidente se hubieran implicado únicamente animales de la misma especie? Algo así no es insólito en la naturaleza, como pone de manifiesto un vistazo a los osos pardos. En este caso son los machos los que pueden ser peligrosísimos para los cachorros. Cuando la época de apareamiento se acerca, los osos buscan hembras receptivas. Sin embargo, las madres osas que tienen cachorros no están de ánimos, de manera que los machos suelen cortar por lo sano. Matan a la prole y poco después las madres vuelven a estar receptivas para la siguiente gestación –una respuesta de la naturaleza ante la emergencia–. Como lo saben, las madres osas procuran mantenerse alejadas de los potenciales pretendientes. Otra estrategia es aparearse con la mayor cantidad de machos posible. Así cada cual cree que es el padre de los graciosos pequeñajos y a partir de entonces dejan en paz a madre e hijos. Que semejante comportamiento es, en realidad, una estrategia defensiva de las hembras y no un placer puramente sexual, es lo que han descubierto los científicos de la Universidad de Viena. Estuvieron observando osos de Escandinavia durante veinte años y han constatado este comportamiento sobre todo en poblaciones donde precisamente muchos cachorros eran víctimas de semejantes ataques.[66]

¿Son malos esos osos macho? ¿Qué pasa, entonces? El *Duden* define «malo» como «moralmente malo, reprochable»; dicho de manera más clara: detrás de una acción debe haber voluntad de atentar contra la moral en perjuicio de otros. Ni la urraca ni el oso lo hacen, ya que sus acciones entran dentro del comportamiento normal de sus respectivas especies.

No era normal, sin embargo, el comportamiento de los conejos blancos que un día compramos. Queríamos alejarnos de la combinación de bosque y prados del campo a animales de pura raza y nos fuimos en coche varios pueblos más lejos para ver conejos «blancos de Viena». Estos animales tenían un pelaje agradable y ojos azules preciosos –no pudimos evitar llevarnos unos cuantos–. En la casa del guardabosques se les adjudicó un amplio recinto, pero el idilio sólo duró unas semanas. Un día entramos en el corral y vimos en el suelo un desastre calamitoso. Era una hembra, cuyas orejas estaban tan desgajadas que colgaban como trapos. Nos dio una pena horrible y pensamos que se habían producido violentas luchas jerárquicas. Sin embargo, en el transcurso de los días siguiente aparecieron cada vez más compañeros de infortunio con las orejas hendidas y nuestra sospecha se convirtió en certeza fruto de una observación: fue una de las hembras la que causó a las demás esas heridas brutales con las afiladas garras delanteras. Lógicamente, la violenta dama era la única que aún brincaba por ahí con las orejas intactas, aunque no por mucho tiempo, porque –con perdón– fue derecha a la cazuela.

Y bien, ¿era malo ese conejo? Creo que sí, puesto que ese comportamiento no era propio de su especie ni moralmente justificable. Y, además, tras él se escondía una intención maliciosa, porque después de

66. www.sueddeutsche.de/panorama/braunbaerinnen-sex-mit-vielen-maennchen-1.857685, consultado el 10-10-2015.

todo el animal necesitaba acción y los demás no la habían propiciado. Aquí cabría objetar que ese conejo a lo mejor estaba traumatizado y que quizá tuviera el trastorno respectivo debido a una experiencia horrible de juventud. Seguramente, pero ¿no es eso lo que casi siempre pasa también con los malhechores humanos? Toda mala acción, suficientemente esclarecida, puede ser rastreada hasta volverse justificable y, por lo tanto, perdonable. En aras de la comodidad, se permite adoptar el mismo criterio para animales y humanos: el libre albedrío que hay, cuando menos en principio, para tomar decisiones. Muchos animales también lo tienen.

Cuando venga el Hombre de arena

Para mí, los vencejos forman parte de un verano de verdad. Se parecen a las golondrinas, pero son mucho más grandes y sobre todo más rápidos. Emitiendo estridentes gritos se apresuran veloces por entre los altos edificios de la ciudad a la caza de insectos o sencillamente para entretenerse. A diferencia de otras especies de aves, los vencejos pasan casi toda su vida en el aire. Están tan acostumbrados a vivir sobre la Tierra que tienen las patas raquíticas y los diminutos pies sólo sirven para agarrarse con fuerza. Naturalmente, también han de incubar, y los nidos hechos en rocas o grietas de paredes están diseñados de modo que sea fácil llegar hasta ellos. Salvo la incubación, las aves cubren el resto de sus necesidades durante el vuelo. Hasta el apareamiento suele tener lugar en lo alto, aunque el acto en sí también a los vencejos les hace perder el sentido. Además, el macho agarrado fuertemente a la hembra no mejora precisamente las características del vuelo, por eso dichas parejas con frecuencia entran peligrosamente en barrena y tienen que volver a soltarse a tiempo para no estrellarse.

Pero quería presentarte al vencejo por otra propiedad: el sueño. La mayoría de los seres vivos han de dormir (incluso los árboles) y para ello las aves aterrizan en un lugar protegido. Nuestras gallinas, por ejemplo, al atardecer se van obedientemente a su gallinero, suben por la escalera y se posan en un listón. Allí se acurrucan apiñadas y por la noche no tienen que preocuparse por si se caen: como la mayoría de las aves, al posarse los tendones se acortan de manera que los dedos se doblan automáticamente. De esta forma, las gallinas pueden aferrarse al listón sin esfuerzo. Y, como todas las aves, las gallinas también sueñan y –al igual que nosotros– se moverían durante el sueño en función de la película imaginaria nocturna, pero eso podría conllevar una caída del listón (o del árbol, en el caso de las aves salvajes); de ahí que los músculos correspondientes se relajen de golpe y los animales pasen la noche con la cabeza tranquilamente metida entre las alas.

¿Y los vencejos? Nunca se posan en listones, no pasan un segundo más de lo necesario en el suelo o en el nido. Si quieren dormir, lo hacen durante el vuelo. Como es lógico, es algo sumamente arriesgado, porque entonces las aves ya no pueden controlarse bien; así que se elevan unos cuantos kilómetros de un tirón para ganar suficiente distancia del suelo. Entonces inician un vuelo curvilíneo, que hace que desciendan poco a poco, porque van planeando. Ahora pueden dormitar tranquilas unos instantes, pero sólo eso, porque tienen que volver a estar del todo despiertas a tiempo, antes de que la cosa se ponga fea y los primeros tejados se acerquen peligrosamente. ¿Descansan así los animales? Seguro que sí, puesto que el sueño es distinto para cada especie animal. El denominador común es únicamente la desconexión o disminución de estímulos externos, a fin de que el cerebro pueda dejar que los procesos internos discurran sin interrupciones. Tampoco el sueño humano es monótono, como demuestran las diversas fases con profundidades de sueño diversas. Nuestros caballos, por ejemplo, necesitan poco sueño realmente profundo. Suele bastar con unos cuantos minutos en los que se tumban de lado como si hubieran sido abatidos. En efecto, así se adentran tan profundamente en el reino de los sueños que ya no perciben nada y contraen las patas como si galopasen por una pradera imaginaria; por lo demás, dormitan varias horas a lo largo del día como los vencejos.

Pero que también los animales duerman se considera una perogru-llada. Hasta las pequeñas moscas de la fruta tienen que dormir y al hacerlo patalean como los caballos. Sin embargo, lo verdaderamente apasionante del tema es la pregunta del qué; en concreto: ¿qué sueñan nuestros semejantes?

En el caso de los seres humanos, los viajes imaginarios nocturnos se producen durante la denominada fase REM. REM significa «Rapid Eye Movement» (movimientos oculares rápidos): movemos los ojos rápidamente con los párpados cerrados y si nos despiertan en ese mo-mento, casi siempre recordamos el sueño. Asimismo muchas especies animales tienen semejantes contracciones oculares nocturnas; y más cuanto más grande sea su cerebro en relación con el cuerpo. Pero como los animales no pueden contarnos nada, hay que demostrarlo de otra manera para entender en qué piensan. Con ese fin, investigadores del Instituto Tecnológico de Massachusetts (Boston) examinaron a unas ratas. Midieron las ondas cerebrales de los animales mientras éstos buscaban afanosamente comida en un laberinto. A continuación, las compararon con lo que los aparatos de medición mostraban durante el sueño de los roedores. Los paralelismos eran tan obvios que los in-vestigadores incluso podían ver a partir de los datos en qué parte del laberinto se hallaban en ese momento dentro del sueño las ratas dor-midas.[67]

También en los gatos se hicieron descubrimientos indirectos ya en 1967. Para ello, el científico Michel Jouvet de la Universidad de Lyon asistía a los animales de tal manera que impedía la relajación de los músculos durante el sueño. Normalmente, el cuerpo desactiva tam-bién en nosotros los músculos voluntarios, para impedir que demos manotazos a diestro y siniestro en sueños o incluso andemos por la habitación con los ojos cerrados. Pero sólo quien sueña necesita el mecanismo de desconexión, y cuando éste se apaga, puede uno seguir en directo en calidad de observador lo que está viviendo la persona en

---

67. «Rats dream about their tasks during slow wave sleep», noticias MIT, 18-05-2001, http://news.mit.edu/2002/dreams, consultado el 17-01-2016.

cuestión en ese momento. Jouvet pudo observar con los gatos así asistidos que en el sueño más profundo se encorvaban, bufaban o paseaban. Desde entonces quedó probado que los gatos son capaces de soñar.[68]

Pero ¿qué pasa si en el reino animal nos alejamos mucho de nuestro árbol genealógico, dejamos a los mamíferos y observamos a los insectos? ¿Es posible que en unas cabezas tan pequeñas también tenga lugar algo similar, es posible que las células del cerebro de una mosca, relativamente pocas, produzcan imágenes durante el sueño? De hecho, hoy día hay indicios de que esos diminutos racimos de células pueden hacer más de lo que hemos reconocido hasta la fecha. Como se ha mencionado ya, las moscas de la fruta patalean poco antes de quedarse dormidas y su cerebro está especialmente activo durante la fase del sueño –otro paralelismo con los mamíferos–. Por consiguiente, ¿sueñan las moscas de la fruta? Las reacciones corporales indican que sí, pero qué imágenes centellean en sus cabecitas (¿de fruta pasada tal vez?) es algo que hasta el momento no hemos podido más que conjeturar.[69]

---

68. Jouvet, M.: «The states of sleep», *Scientific American*, 216 (2), 1967, pp. 62-68, http://sommeil.univ-lyon1.fr/articles/jouvet/scientific_american/contents.php, consultado el 17-01-2016.

69. Breuer, H.: «Die Welt aus der Sicht einer Fliege», *Süddeutsche Zeitung*, 19-05-2010, www.sueddeutsche.de/panorama/forschung-die-welt-aus-sicht-einer-fliege-1.908384, consultado el 20-10-2015.

Oráculo animal

Tengo que reconocer que antes era siempre un poco escéptico en lo relativo al sexto sentido de los animales. Bueno, muchas especies tienen algunos sentidos más desarrollados, pero ¿tanto realmente como para que les baste con los indicios prácticamente imperceptibles de las catástrofes naturales para percibir? Ahora creo que este sexto sentido es un recurso necesario para la supervivencia en plena naturaleza, un recurso que nosotros, en el entorno artificial de nuestra civilización, bien es verdad que no hemos perdido del todo, pero sí ha sido sepultado.

Sepultado es la palabra clave –¿quién quiere que una erupción volcánica lo entierre vivo?–. Al parecer, es algo a lo que las cabras tienen especial miedo, por lo menos si se interpretan debidamente sus capacidades al respecto. Las ha detectado el investigador del Max Planck, Martin Wikelski, que dotó de emisores GPS a un rebaño del siciliano volcán Etna. Efectivamente, había días en que se detectaba un desasosiego repentino, como si un perro amenazase a las cabras. Iban de un lado al otro o trataban de refugiarse debajo de arbustos y árboles. En todos los casos, a las pocas horas tenía lugar una gran erupción del volcán. En erupciones más pequeñas no se detectaba ese comportamiento de alerta temprana –¿para qué?

¿Cómo perciben eso las cabras? Los investigadores aún no tienen, por desgracia, ninguna respuesta definitiva. Creen que lo que precede a una erupción son los gases que suben desde el suelo.[70]

También los animales del bosque autóctonos tienen la capacidad de percibir peligros semejantes. El vulcanismo es realmente importante en Europa central, como se ve en mi tierra natal, Eifel. Allí muchos volcanes antiguos levantan sus cabezas, entremezclados con unos cuantos jóvenes como el lago Laacher. Joven significa en este contexto que entró por última vez en erupción hace alrededor de trece mil años y en cualquier momento podría volver a hacerlo. En aquel entonces se escupieron dieciséis kilómetros cúbicos de rocalla y cenizas, que sepultaron asentamientos de la Edad de Piedra y cubrieron de nubes el cielo diurno hasta Suecia. Un peligro, por consiguiente, que hay que tomarse en serio, si bien la probabilidad de que los seres humanos de hoy experimenten algo así se considera escasa.

Donde vivimos, las hormigas rojas han logrado ser el centro de atención de la investigación o, mejor dicho, de algunos investigadores. Fue un equipo del catedrático Ulrich Schreiber de la Universidad Duisburg-Essen el que puso toda la carne en el asador, cartografiando más de tres mil hormigueros en las montañas de Eifel. Por su distribución mostraban una clara relación con fisuras de la corteza terrestre, cuya actividad produce erupciones volcánicas y terremotos. En los puntos de intersección de tales líneas de interferencia era apreciable una concentración de numerosas cúpulas. Por ahí subían gases del suelo cuya composición se distinguía claramente del aire del entorno. A las hormigas rojas les gustan esos gases y ahí construyen preferiblemente sus nidos.[71] Es algo que ahora tengo presente cuando veo en el bosque una figura tan hermosa repleta de insectos correteando. Tampoco en el caso de las hormigas ha sabido nadie hasta la fecha por qué les gustan esos sitios precisamente. Sea como sea, está claro que son

---

70. Maier, Elke: «Frühwarnsystem auf vier Beinen», *Max-Planck-Forschung* 1/2014, pp. 58-63.
71. Berberich, G., y Schreiber, U.: «GeoBioScience: Red Wood Ants as Bioindicators for Active Tectonic Fault Systems in the West Eifel (Germany)», *Animals*, 3/2013, pp. 475-498.

capaces de oler las minúsculas variaciones de la concentración de gases, igual que las cabras. Mundialmente hay un sinfín de testimonios de fenómenos similares.

Así pues, ¿son los animales básicamente más sensibles que los humanos? Desde luego hay muchas especies que sobresalen considerablemente en algunas habilidades. Las águilas ven mejor, los perros oyen y huelen mejor que nosotros; no obstante, la suma de nuestros sentidos es tan buena que no nos distinguimos del término medio de otras especies. ¿Por qué, a diferencia de los animales, percibimos tan pocos cambios de nuestro entorno? Creo que la causa está en la sobrecarga de estímulos de nuestro moderno entorno doméstico y laboral. Los olores, sin ir más lejos, ya no provienen en su mayoría del bosque y los prados, sino de los tubos de escape, las emisiones de las impresoras de los despachos o los perfumes y desodorantes de nuestros cuerpos. La permanente sobrecarga de estímulos con aromas artificiales disimula las fragancias naturales. Es distinto en el campo, cuando se pasa mucho tiempo en contacto con la naturaleza. Así, donde vivimos, incluso es posible oler a cincuenta metros de distancia un ciclomotor, que expulsa humeante sus pestilentes gases de escape en dos tiempos. Si llueve, entonces el aire del bosque se enriquece al instante con olores fúngicos, que indican que en pocos días puede que haya una abundante recolección.

Algo parecido pasa con la vista de águila. El que desde pequeño pasa mucho tiempo delante del ordenador o navegando con su *smartphone,* será miope antes que los niños que están casi siempre al aire libre. Precisamente en las generaciones más jóvenes, la miopía ha aumentado notablemente hasta casi un 50 por 100 entre los veinticinco y los veintinueve años, como reveló recientemente un estudio de la Universidad de Maguncia.[72] ¿Estamos perdiendo la vista? Por suerte, hay gafas, pero el creciente empeoramiento de la agudeza visual natural me parece sintomático. Por naturaleza, gozaríamos de las condiciones adecuadas para ser tan sensibles como los animales a los fenóme-

_____

72. www.gutenberg-gesundheitsstudie.de/ghs/uebersicht.html, consultado el 04-10-2015.

nos de la naturaleza, pero nuestra vida moderna nos embota un sentido detrás de otro. Mi oído tampoco es el mejor ya, algunas frecuencias han sido víctimas de visitas discotequeras o ejercicios de tiro antiguos. Pero, sin duda, hay esperanza.

Lo que está muerto desde un punto de vista orgánico es verdad que ya no tiene arreglo, pero nuestro cerebro es capaz de compensar a base de bien. Para mí, un bonito ejemplo de ello es la migración anual de las grullas. Soy capaz de oír a estas aves incluso desde lejos a través de ventanas bien aisladas, porque suelo esperar impaciente a los mensajeros de las distintas estaciones. Basta con un leve indicio, una corazonada más bien, y me planto en la puerta para ver volar a lo lejos una formación en uve. Lo cual tiene mucho que ver con el tema de este capítulo: el sistema de alerta temprana de los animales. Y es que las grullas migratorias anuncian el clima desde muy lejos, porque les gusta volar con un agradable viento de cola. Así pues, si en otoño vuelan desde el norte, es que hay un viento muy frío del norte que posiblemente traiga las primeras nieves. En primavera, en cambio, la masiva aparición de las aves es el pistoletazo de salida del período de cría, ya que en las zonas de invernada de España sopla un viento cálido del sur hacia el norte, que hace que aquí suban las temperaturas.

Incuso la temperatura actual puede calcularse poco más o menos a través del oído. Lo que suena aventurado es en realidad algo muy trivial: hay saltamontes y grillos que ayudan a determinarla. Los animales de temperatura variable no empiezan su concierto por debajo de los 12 °C y cuanto más asciende la temperatura, más rápido es el canto. Ahora bien, cabría objetar que la temperatura podría calcularse mucho mejor a través de la propia piel. Es cierto, pero entonces a más tardar cuando uno hace ejercicio la cosa se dificulta debido al calor interno adicional generado.

Al igual que el oído, la vista puede entrenarse. La vista defectuosa puede corregirse con unas gafas, pero más importante es la reacción del cerebro, que —como con el oído— aguza la sensibilidad para determinados cambios. Veo entretanto corzos con el rabillo del ojo, simplemente como una divergencia percibida con respecto al estado normal del verde de los árboles. Asimismo, las píceas atacadas por el escarabajo de la corteza me saltan a la vista con un cambio insignificante de color, antes de que se distingan las claras diferencias con las copas sanas de los árboles vecinos. Sea el viento que gira y te da en la cara, anunciando un cambio de tiempo, sean pequeñas gotitas de lluvia, indicando una capa delgada de nubes (y, por consiguiente, no un gran aguacero), o sean anomalías olfativas insignificantes, advirtiendo de un cadáver animal descompuesto en la lejanía…; de todo ello resulta un cuadro que me presenta mi entorno y sus peligros siempre actuales sin que yo deba reflexionar mucho. Si formas parte de ese sector de la población sensible a los cambios de tiempo, puedes igualmente hacer una predicción mucho antes de que en el cielo azul se formen las primeras nubes. Es cierto que la ciencia no acaba de ponerse de acuerdo sobre la fundamentación de esta sensibilidad, sobre si, por ejemplo, se trata de una conductividad cambiante de las membranas celulares, pero, sea como sea, funciona. ¿Con cuánta intensidad adicional son capaces de leer en el bosque y el campo los pueblos primitivos, que día sí, día también, están expuestos a todos los estímulos? En mi caso, mis sentidos se ejercitan tanto sólo durante parte de las horas del día; y en el caso de los animales, toda la vida. No es de extrañar que sean capaces de presentir los peligros naturales mucho mejor.

Si los animales pueden ser tan sensibles, ¿qué pasa entonces con la predicción meteorológica? ¿Pueden los animales notar si un invierno es duro? Por ejemplo, hay años en los que se observa que ardillas y arrendajos entierran una cantidad extraordinaria de hayucos y bellotas. La conclusión de que actuaban precavidamente para superar una temporada larga y de abundantes nieves es, por desgracia, errónea. Los animales aprovechan simple y llanamente una oferta desbordante de alimentos que los árboles ponen a su disposición. Las hayas y los robles tienen una floración sincrónica más o menos uno de cada tres a cinco años. Esta floración suele suceder a un verano particularmente duro por muy seco, y en la siguiente primavera, además. La cosecha abundante se produce, pues, con un año de retraso, y por lo tanto, también la ajetreada recolección de esciúridos y arrendajos. En definitiva, la observación es a lo sumo una «posdicción» del verano anterior –lástima.

De manera que los animales no consiguen hacer pronósticos estacionales a largo plazo. Pero si observamos los cambios de tiempo a corto plazo, la cosa es muy distinta. Una de mis especies predilectas en este sentido es el pinzón. A estas aves, como indica su nombre en alemán (*Buchfink* es la combinación de *Buche*, «haya», y *Fink*, «pinzón») les gusta vivir en antiguos bosques caducifolios, pero también en poblaciones de especies arbóreas mixtas. Allí canta el macho una bonita serie de tonos con trinos, cuyo ritmo se parece al siguiente proverbio que aprendí en la carrera: «Bin bin bin ich nicht ein schöner F*eldmarschall?*» (¿No soy un buen mariscal de campo?). De todos modos, este canto sólo se escucha cuando hace buen tiempo. Si se avecinan nubes oscuras o incluso empieza a llover, entonces no se oye más que un monótono sonido metálico. El pinzón reacciona con su canto a las perturbaciones, pero no a la aparición de humanos, como constato en mis paseos diarios por el territorio. La desaparición del sol tras amenazantes cumulonimbos es para él, en cambio, manifiestamente alarmante.

¿Y de qué les sirve al resto de pinzones semejante ejemplar, que es el primero en notar el cambio y advierte a todos los demás? ¿No pueden levantar la vista y ver el frente de mal tiempo? Debajo del frondoso dosel arbóreo de un viejo hayedo no –ahí lo máximo que se nota es que ha oscurecido un poco más–. Únicamente en un claro donde ha caído un árbol gigantesco que permite la vista del cielo o en lo alto de las copas puede percibirse el inminente desastre. Y comoquiera que no todos los pinzones gozan de semejante «perspectiva» desde su posición, esos avisos son útiles.

También los animales envejecen

Que también los animales tienen algún que otro achaque con la edad es algo sobradamente conocido. Pero ¿en qué piensan cuando poco a poco se van debilitando? ¿Son conscientes del rendimiento decreciente de su cuerpo? Es una pregunta que quizá no pueda contestarse directamente desde un punto de vista científico, pero, una vez más, sí que podemos aproximarnos a través de la observación. En el caso de los caballos de cierta edad parece, de hecho, que cada vez tienen más miedos; y con razón. Como ya he explicado, estos animales normalmente pueden dormitar de pie sin problemas; para ello incluso cuentan con una articulación de rodilla de estructura especial. Se bloquea al reposar e impide así que la pata relajada se doble. Entonces el peso es soportado alternativamente por la pata fijada de esta manera, mientras que la otra sólo apoya la punta del casco en el suelo. Las patas delanteras soportan así menos peso y ambas permanecen rectas. Un caballo puede dormitar durante horas de esta guisa, pero no es un sueño de verdad. Como nosotros, los animales necesitan un sueño verdaderamente profundo para mantenerse sanos y en forma. Para ello deben tumbarse, a saber: de lado y con las patas estiradas. Entonces entran en el reino de los sueños, con una actividad cerebral más alta y encogiendo los cascos. Al dormir a veces mueven también el labio inferior, como si los animales quisieran relinchar o comer en sueños. Acabado el sueño, los caballos han de volver a erguirse. Para un peso que ronde los quinientos kilogramos y unas patas relativamente largas es una acción agotadora. Primero levantan con gran esfuerzo la parte delantera, toman impulso y luego incorporan también la parte trasera.

Esta toma de impulso para levantarse es prácticamente imposible para los caballos viejos, y por eso se nota que tienen auténtico pavor a tumbarse. Aunque quisieran relajarse completamente acostados de lado, por si acaso se quedan de pie y se conforman con dormitar. Agradable seguro que no es, porque sin dormir, las reservas energéticas disminuyen más deprisa todavía, pero es evidente que los animales saben perfectamente que se trata de una situación que hace peligrar sus vidas —el que ya no puede levantarse, muere enseguida, porque los órganos internos fallan (o pasa un depredador por delante)—. Como levantarse les cuesta cada vez más, simultáneamente van reduciéndose las fases de sueño genuino. Así pues, en nuestras dos yeguas observamos que a la mayor, con sus veintitrés años, es mucho más raro encontrarla tumbada que a su compañera tres años más joven. En un momento dado se llega a un punto en que el miedo prevalece; entonces se acabaron los sueños durante el resto de la vida.

En el caso de las ciervas de edad avanzada también aparecen cambios. Además del debilitamiento de los músculos, que hace que el animal parezca más huesudo, está también el comportamiento, que cambia. Lo diré a las claras: los animales se vuelven hoscos y peleones. Aunque tampoco es de extrañar, porque tal vez en su día dirigieran la manada y fueran reinas admiradas. Es verdad que a cierta edad aún pueden estar preñadas, pero los cervatos que traen entonces al mundo son débiles. Con los dientes totalmente debilitados tras años de uso, las viejas ciervas ya no pueden desmenuzar como es debido los alimentos y por eso suelen pasar hambre. En consecuencia delgadas, desprovistas también de la dosis de leche y el contenido graso de ésta, que conforman sus ubres, la descendencia también pasa hambre. No es de extrañar que esos cervatillos sean con especial frecuencia víctimas de enfermedades o carnívoros, y eso a su vez incide, como ya se ha descrito antes, negativamente en el rango de la anciana hembra. Dadas las circunstancias, ¿no estarías tú también siempre de malhumor?

Un tema sobre el que aún no he leído casi nada es la demencia en los animales. Cuando menos las mascotas viven hoy día notablemente más que antes, porque sus cuidados médicos van a compás de los nuestros. Nuestra pequeña münsterländer, Maxi, es un buen ejemplo de ello. Siempre comió pienso perfectamente, fue vacunada, llevada al veterinario y curada en caso de infección, donde de paso también le quitaban el sarro para conservar la dentadura. A los doce años, Maxi empezó un buen día a tambalearse y el diagnóstico no se hizo esperar: derrame cerebral. Aquello nos afectó mucho, porque la perra siempre tan ágil estaba de pronto en vísperas de su final. Sin embargo, las pastillas e inyecciones adecuadas surtieron efecto con celeridad, de manera que Maxi se recuperó de nuevo. En consecuencia, tuvo una vejez larga con un deterioro paulatino de las habilidades y los sentidos. Así, en un momento dado sencillamente enmudeció –a partir de entonces se acabaron los ladridos, cosa que no nos trastornó especialmente; al contrario–. Asimismo, el oído también desapareció, lo cual ya fue más desagradable, porque entonces sólo podíamos comunicarnos por la vista. Con todo, la perra era un ser que aún disfrutaba de la vida. Pero en el último año empezó a secársele la mollera, hasta que al final llegó un punto en que Maxi ya no nos conocía. Además, se pasaba horas dando vueltas en la cesta como si fuese a acostarse, pero no lo hacía. Cuando luego encima comió aún menos, adelgazó mucho y le salieron carcinomas, sintiéndolo en el alma, dejamos que el veterinario lo sacrificara.

También su sucesor, Barry, el cocker, a los quince años tuvo al final una evolución similar. Además de la pérdida de las facultades mentales, encima era incontinente, lo que requirió mucho trabajo y un montón de espuma para limpiar alfombras. En la actualidad hay incluso terapias y medicamentos para el «síndrome de disfunción cognitiva», que es el término técnico.

Creo que cuando menos todos los animales superiores pueden sufrir semejante destino de demencia. Los amigos de los gatos cuentan algo parecido de sus mascotas, y los científicos han encontrado en estas especies de animales de compañía unos depósitos y alteraciones cerebrales equiparables a los de las personas enfermas. Tuvimos incluso una cabra demente en nuestro rebaño que ya no se orientaba y un día, únicamente gracias al empeño de nuestro hijo, la encontramos plácidamente tumbada en una arroyada del bosque.

Las observaciones en plena naturaleza son muy escasas, porque los animales dementes se convierten en presas fáciles para los carnívoros. Se apartan del rebaño y con ello denotan su indefensión. El que ya no está bien de la cabeza es seleccionado sin piedad. A los depredadores les afecta de igual modo, por supuesto, ya que aunque no sean víctimas de otros, mueren de hambre irremediablemente.

Pero ¿qué pasa cuando llega el final y el coco aún es plenamente funcional? ¿Ve uno el final inminente? No muchas, pero sí algunas personas por lo menos son capaces de predecir su muerte. Tanto si están enfermas y determinan casi la semana exacta del momento de la defunción, como si son mayores y están cansadas y sencillamente ya no pueden más: la muerte no es una sorpresa. Con algunos animales es parecido. Así, nuestras cabras ancianas se apartaron del rebaño poco antes de su muerte para morir en paz. Para apartarse tenían que saber necesariamente que había llegado el momento. Entonces se iban a una zona distante del pasto o al pequeño corral, que los días calurosos de verano el rebaño, al menos de día, no usaba. Ahí se tendían los animales y morían plácidamente. ¿Cómo lo sé? Se ve en la postura del animal muerto. Por ejemplo, nuestra cabra favorita, Schwänli, se había echado cómodamente sobre la barriga, las patas tranquilamente dobladas debajo. Así las cabras suelen dormir muy relajadas; en cambio, si un animal muere de forma dolorosa, la tierra está removida por los pataleos y el cuerpo yace de costado. El cuello está doblado hacia atrás, la lengua a menudo cuelga. Se nota que realmente el animal ha sufrido en sus últimos minutos. No nuestra Schwänli. Está claro que presintió su muerte y se fue de este mundo con mucha serenidad.

Semejante comportamiento no sólo nos hace la despedida más fácil a nosotros, sino que también tiene ventajas para el rebaño, al menos cuando se trata de animales salvajes; porque los animales viejos y débiles son un peligro. Son lentos y por eso atraen a los depredadores. Apartándose a tiempo, evitan que, junto con ellos, se mate a otros miembros más jóvenes del rebaño.

Mundos desconocidos

L a naturaleza a menudo es tan idílica y relajante porque parece pacífica y armoniosa. Mariposas de colores revoloteando sobre prados floridos, troncos blancos de abedul irguiéndose sobre arbustos y dejando que sus ramas se mezan al viento. Para nosotros en realidad es el sosiego puro, entre otras cosas porque para los humanos apenas hay peligros en pleno campo. Para sus habitantes no es así, por lo que ven este idilio con otros ojos. Por si alguna vez observas distintas mariposas diurnas y nocturnas, hay dos diferencias cruciales: las diurnas tienen muchos colores, como el pavón diurno, por ejemplo. Luce sus colores en forma de grandes manchas en las alas, imitando sendos ojos, para espantar aves y demás depredadores. Además, cuerpo y alas son poco vellosos, para que el aspecto pueda tener un efecto brillante y claro en los agresores. Las mariposas nocturnas, en cambio, tienen colores más bien apagados. El gris y el marrón son sus colores predilectos, porque durante el día dormitan posadas sobre cortezas y ramas, y ansían el anochecer. En ese intervalo de tiempo son lentas y podrían convertirse en presa fácil de las aves, que con su aguda vista perciben cualquier diferencia cromática. ¡Ay, si el color de las alas de las mariposas no coincide con la corteza, porque han elegido el árbol equivocado!: en ese caso no llegarán al día siguiente, mejor dicho, a la noche siguiente.

Para sobrevivir, los animales se adaptan incluso a nuestro mundo culturalmente transformado; al igual que la mariposa de los abedules de patrón negro moteado sobre alas blancas. Ése es exactamente el color de la corteza de los abedules, en la que gusta de reposar este insecto de cinco centímetros de envergadura. Blancos eran los árboles en Inglaterra, si bien sólo hasta 1845 más o menos. Posteriormente se liberó tanto hollín con el auge de la industria y la combustión de carbón que en las cortezas se depositó una capa negra; grasienta. Los animales originalmente mimetizados a las mil maravillas ahora llamaban bastante la atención y fueron devorados por cientos de miles de aves, salvo algunos ejemplares. Habían existido siempre, y al igual que las ovejas negras, tenían una coloración oscura en las alas –hasta entonces una sentencia de muerte segura–. Pero entonces los ejemplares oscuros fueron los vencedores, se impusieron y en pocos años la mayoría de las mariposas de los abedules eran negras. Sólo con las medidas para la conservación de la pureza del aire, que se adoptaron legalmente a finales de los años sesenta, las tornas se volvieron de nuevo: los abedules estaban otra vez más limpios y, por lo tanto, blancos. Así, el semanario *Die Zeit* pudo anunciar en 1970 que volvían a avistarse predominantemente mariposas blancas.[73]

Sin embargo, de noche la cosa se ve literalmente distinta. Entonces los colores apenas importan, ya que las aves que comen insectos duermen de noche en las ramas de los árboles. Ahora bien, otros cazadores entran en escena: los murciélagos. No cazan tanto con los ojos como con ultrasonidos. Emiten sonidos agudos y escuchan atentamente el eco que objetos y presas potenciales devuelven. La mimetización óptica de poco sirve aquí, puesto que los mamíferos voladores «ven» con las orejas. Así que hay que hacerse invisible al oído, pero ¿cómo? Una posibilidad es que el sonido ya no se devuelva, y se absorba. Por eso muchas mariposas nocturnas están recubiertas de una gruesa piel, en la que los gritos del murciélago se enredan, o, dicho con más exactitud, reverberan confusamente en todas las direcciones posibles. En el

---

73. Henning, Gustav Adolf: «Falter tragen wieder hell», *Die Zeit*, n.º 44, 30-10-1970.

cerebro del murciélago no aparece entonces ninguna imagen nítida de polilla, sino sólo algo impreciso, que lo mismo podría ser un trocito de corteza.

De igual manera, las palomas ven de forma totalmente distinta a nosotros. Es verdad que son también animales visuales como los humanos, es decir, que dependen en gran medida del sentido de la vista y necesitan para ello la luz del día. Pero además de todos los detalles que para nosotros forman parte de la vida, al parecer ellas perciben más cosas en el aire: ven un patrón que indica la dirección de polarización, es decir, la dirección de oscilación de las ondas de la luz, y esta polarización está orientada hacia el norte. Así pues, de día las palomas ven una brújula por doquier; no es de extrañar que, por ejemplo, las palomas mensajeras puedan orientarse bien a través de grandes distancias y encontrar siempre el camino de vuelta a casa.[74]

Si en el caso de los murciélagos hemos incluido el oído como «sentido de la vista», podemos ampliar el espectro a otras especies también para entender qué sienten y en qué mundo subjetivo viven. Así, con los perros surge la pregunta de si su sentido de la vista, que está un poco peor desarrollado que en el ser humano, no se apoya considerablemente en el sentido del olfato y el oído. Hasta que la totalidad de las impresiones no proyecte íntegramente el entorno, no sabremos lo que ve un perro cuando juzguemos sus ojos; porque necesitaría unas gafas con urgencia. Sus lentes no se ajustan bien a las distintas distancias, de manera que sólo ve con nitidez cuando algo se ha acercado a seis metros de él. Si ese algo se acerca a menos de unos cincuenta centímetros, vuelve a estar borroso. Y todo ello es proyectado por alrededor de cien mil fibras nerviosas ópticas, cuando en nuestro ojo operan 1,3 millones.[75]

Sin embargo, incluso en los «animales visuales» como nosotros la visión de por sí no es suficiente; y es algo que puedes comprobar ense-

74. Lebert, A., y Wüstenhagen, C.: «In Gedanken bei den Vögeln», *Zeit Wissen*, 4/2015, www.zeit.de/zeit-wissen/2015/04/hirnforschung-tauben-onur-guentuerkuen, consultado el 22-02-2016.
75. Holz, G.: «Sinne des Hundes, Hundeschule wolf-inside», 2011, www.wolf-inside.de/pdf/ Visueller-Sinn.pdf, consultado el 10-10-2015.

guida por ti mismo. En caso de que en este momento te halles en un entorno muy ruidoso en que haya conversaciones o ruido de la calle, tápate simplemente los oídos. Que ahora apenas oigas no es la cuestión: de repente la percepción espacial de tu entorno cambia; la profundidad desaparece. ¿Hasta qué punto llega la imagen en los perros a depender de los oídos, que son quince veces más sensibles que los nuestros?

Siempre me fascina imaginarme que cada especie animal ve y siente el mundo de un modo distinto, que, visto así, hay cientos de miles de mundos diferentes. Y muchos de esos mundos esperan aún a ser descubiertos también en nuestras latitudes. Además de las especies ya presentadas, hay otras muchas miles en Europa central, que por desgracia son tan diminutas y poco atractivas que ni siquiera su existencia ha sido estudiada de forma sistemática. De ahí que, lamentablemente, tampoco se sepa nada de sus sentimientos, ya que si no gozan de una relevancia perceptible para los humanos, tampoco hay casi fondos para la investigación. Y si no se sabe qué pasa dentro de esos animalitos, qué necesidades tienen y cómo sufren con la silvicultura comercial, nadie quiere demarcar territorios para ellos.

Con todo, por lo menos a mí sí me interesaría vivamente qué pasa, por ejemplo, con los pequeños gorgojos. Dentro de éstos hay especies que no son voladoras y han conquistado en el acto mi corazón, como es el caso de un minúsculo bichito marrón de tan sólo dos milímetros que parece un pequeño elefante. El pelo está dispuesto a franjas en cabeza y lomo, y hace de cresta. Se han adaptado a una existencia en la fronda en descomposición de los bosques primigenios, y estos bosques se caracterizan fundamentalmente por una cosa: apenas hay cambios en ellos. Allí crece sobre todo la haya y crea comunidades sociales muy estables, en las que a través de la conexión de sus raíces los árboles se apoyan con tanta energía con soluciones azucaradas y hasta mensajes que la tormenta, los insectos e incluso el cambio climático apenas los afectan. Aquí los coleópteros viven tranquilamente y mordisquean hojas marchitas. Estas especies de coleópteros se denominan relictas del bosque primario, son, pues, especies de nuestra naturaleza primigenia y se consideran un índice de que en su hábitat hay un bosque caducifolio desde hace al menos siglos. ¿Qué coleóptero querría irse a otro sitio, para qué se necesitan alas aquí? Un cambio de sitio es innecesario y miles de generaciones pueden envejecer tranquilamente –por suerte, también en las reservas de mi territorio, en los que hallaron una de estas especies–. Envejecer cuando menos según los estándares de los gorgojos, porque los pequeños animalillos son ya viejos como mucho al año.

Sin alas no se puede huir, y los gorgojos tienen sobrados depredadores entre las aves y las arañas. Cuando uno no puede escapar ni esconderse y tiene miedo, ha de pensar en otra cosa: ante un trastorno los coleópteros se hacen simplemente los muertos. Con ese color marrón estampado, como el de la hojarasca que sirve para camuflarse, son difíciles de encontrar, incluso para los visitantes del bosque, por desgracia, puesto que con su tamaño de dos a cinco milímetros haría falta una lupa. Lo que estos bichitos sienten aparte del miedo, a falta de que la investigación prosiga, no puede más que conjeturarse. Sin embargo, para mí era importante mencionarlos como ejemplo de las numerosas especies que no se hallan en el foco de nuestra atención y aun así la merecen. Porque la biodiversidad que nos rodea es algo realmente maravilloso. Pájaros de colores, mamíferos adorables, anfibios fascinantes o incluso las beneficiosas lombrices de tierra: en todas partes se ven cosas interesantes. Y ése es justamente nuestro punto débil: sólo podemos admirar lo que nuestros ojos perciben y, sin embargo, gran parte de la fauna es tan diminuta que nada más se nos manifiesta mediante una lupa o incluso bajo un microscopio.

¿Qué hay de los osos de agua, de los que se han descubierto más de mil especies hasta la fecha? Ocho patas, cuerpo de peluche –parecen realmente osos pequeños con demasiadas extremidades–. A los eumetazoos de tamaño milimétrico (así se llama la categoría científica a la que pertenecen) les gusta que haya mucha humedad. De ahí que nuestras especies autóctonas prefieran vivir en el musgo, que también quiere agua y la almacena especialmente bien. Por él se mueven los diminutos «osos» y se alimentan, según la especie, de vegetales o cazan seres vivos aún más pequeños, como los nematodos. Pero ¿qué pasa cuando su hogar se seca durante los calurosos meses de verano? En mi territorio, los bonitos tapices de musgo suelen estar sequísimos por abajo, en las gruesas raíces de las hayas, y los osos se quedan sin agua. Entonces se produce una forma extrema de sueño: la deshidratación. Únicamente los animales bien alimentados sobreviven a este proceso en el que las grasas desempeñan un importante papel. Si la pérdida de agua se lleva a cabo demasiado deprisa, lo que sigue es la muerte. Pero si la humedad se evapora lentamente, los animales se adaptan, se secan y encogen las patitas acercándolas al cuerpo, y el metabolismo se reduce a cero. En este estado los osos de agua soportan casi todo: dejan de afectarles el calor abrasador y una helada rigurosa, ya no tiene lugar actividad biológica alguna. Tampoco sueñan, dicho sea de paso, porque para ello debería tener lugar un cine interior con consumo energético. En definitiva, es una especie de muerte y, por lo tanto, envejecimiento tampoco hay. Los osos de agua de vida realmente corta pueden vivir en circunstancias extremas muchas décadas hasta que un día llega la lluvia liberadora. El musgo vuelve a absorber toda el agua, igual que los pequeños cuerpos inmóviles. En sólo veinte minutos las patas se estiran de nuevo y todas las estructuras internas están en pleno funcionamiento. Y la vida normal recupera su marcha.[76]

76. Reggentin, Lisa: «Das Wunder der Bärtierchen», *National Geographic Deutschland*, www.nationalgeographic.de/aktuelles/das-wunder-der-baertierchen, consultado el 29-09-2015.

Hábitats artificiales

La tierra se transforma a diario por la acción de los hombres, y se aleja así cada vez más de la naturaleza primigenia. El asombroso 75 por 100 de superficie terrestre sólida ya lo hemos desforestado, edificado o cavado.[77] Sin embargo, los sentidos de los animales no están adaptados al hormigón y el asfalto, sino a los bosques, pantanos o intactos paisajes acuáticos. Hasta qué punto llegamos a desorientarlos puede vislumbrarse en el ejemplo de la iluminación artificial. En Europa se «contamina» ya medio cielo nocturno con lámparas; de hecho, una pequeña ciudad de 30.000 habitantes proporciona una luminosidad artificial en un radio de veinticinco kilómetros. La población difícilmente puede contemplar un cielo sereno estrellado –y no sólo la población–. Muchas especies animales, sobre todo insectos, dependen de la orientación a través de los astros cuando se desplazan en la oscuridad. Las mariposas nocturnas, por ejemplo, miran hacia la luna cuando quieren volar en línea recta. La dejan, por ejemplo, literalmente a la izquierda cuando está en el cénit y ellas desean volar derechas hacia el oeste. Evidentemente, las pequeñas mariposas no conocen la diferencia entre la luna y un aplique de luz agradable, que es decorativo e ilumina el jardín. Ahora bien, si el animalillo agitado aterriza

---

77. «Das Anthropozän - Erdgeschi-chte im Wandel», www.dw.com/de/das-anthropozän-erdgeschichte-im-wandel/a-16596966, consultado el 26-11-2015.

entre los tulipanes y las rosas, su orientación cambia al instante. Esa intensísima fuente de luz nocturna tiene que ser la luna, ¿no? Así que procura dejar a la izquierda esa nueva luna, pero el aplique, por desgracia, no está a 384.000 kilómetros de distancia, sino a unos cuantos metros nada más. Si la mariposa sigue volando en línea recta, la «luna» queda entonces a sus espaldas y le da la impresión de haber trazado una curva. El insecto piloto corrige, pues, el rumbo hacia la izquierda, es de suponer que para volver a volar en línea recta. La «luna» queda de esta forma correctamente en el lado izquierdo, pero en realidad el animal entra entonces en órbita alrededor del aplique. La trayectoria en espiral es cada vez más ajustada, hasta que la mariposa acaba finalmente en el centro. Si la luna artificial fuese una vela, enseguida haría «puf» y la vida se acabaría.

Pero si no, la cosa se complica igualmente. Cuando uno se pasa la noche entera intentando conseguir un rumbo en línea recta y aterriza una y otra vez en la bombilla, en un momento dado las reservas del cuerpo se agotan. En realidad, lo que quería era volar hacia las plantas que florecen de noche para repostar néctar, pero así las pocas horas que quedan se convierten en una indeseada cura de adelgazamiento. Por si eso no fuera suficiente, los depredadores han adaptado su comportamiento a la nueva situación. Junto a la puerta de nuestra casa, debajo de la lámpara, construyen habitualmente su telaraña las arañas de jardín, que aquí se hacen con buenos botines. En cuanto una mariposa traza su irrevocable órbita espiral alrededor de la lámpara, va a parar a los hilos pegajosos y los dientes venenosos de la dueña la matan.

Un problema singular constituyen las carreteras para los animales salvajes. En principio, el asfalto en sí no es negativo, puesto que en él pueden entrar en calor insectos y reptiles para alcanzar la temperatura operativa. Las superficies oscuras se calientan especialmente bien, cosa que, en particular en primavera, ayuda a los animales de temperatura variable (que por sí mismos poco calor son capaces de generar) a activarse con rapidez; pero sólo si no pasa ningún coche que termine brutalmente con el baño de sol. Aparte de eso, las carreteras tienen, sin duda, otros aspectos atractivos, por ejemplo para ciervos y corzos. Los terraplenes se siegan con regularidad, de manera que aquí siempre hay jugosas hierbas y plantas. Como en las zonas de tránsito no se caza para no poner en peligro a los conductores, se está especialmente a salvo. No es de extrañar que sobre todo de noche en estos singulares biotopos se vea una sorprendente cantidad de caza. Por desgracia, junto con la elevadísima población salvaje, ésa es también la causa de la gran cantidad de accidentes de tráfico. La industria aseguradora alemana presenta en sus estadísticas alrededor de 250.000 colisiones anuales con jabalíes, corzos y demás animales salvajes –a menudo con un desenlace mortal para los cuadrúpedos.[78]

Bien mirado, estos cuadrúpedos deberían ser capaces de adaptarse. Bien mirado; porque dos causas provocan siempre nuevas víctimas: está la imprudencia juvenil, que también hay en los animales. Los corzos de un año, por ejemplo, se van a correr mundo para buscar un territorio propio. Mientras que los congéneres arraigados desde hace tiempo no suelen apartarse ni cien metros en todo el día y degustan jugosas hojas de frambuesa, los animales jóvenes se alejan hasta encontrar un lugar libre. Y con una densidad de carreteras de 646 metros por kilómetro cuadrado únicamente para vías de comunicación supralocales con frecuencia hay que atravesar tales franjas de asfalto antes de dar con un rincón tranquilo libre.

La segunda causa es el amor. Los corzos en particular pierden completamente los estribos en la época de apareamiento y no piensan más que en una cosa: sexo. Con el calor de los meses de verano de julio y agosto, las hormonas se vuelven locas y los animales están permanentemente a la escucha por si oyen un reclamo atrayente. Con este sonido llaman la atención las corzas en celo. Como los cazadores también saben imitar este reclamo con una brizna de hierba u hoja (que sujetan entre ambos pulgares y soplan apoyando la boca), a este período se le llama también la época de la hoja. Reconozco que también yo he engañado así a un corzo alguna vez, porque quería ver si realmente funcionaba. Y, en efecto, al primer reclamo suave un añojo saltó del matorral y miró a su alrededor en busca de la dama de su corazón.

78. www.gdv.de/2014/10/zahl-der-wildunfaelle-sinkt-leicht/, consultado el 10-12-2015.

Como a los machos se les nublan totalmente los sentidos, saltan también a las carreteras sin mirar de reojo si los atrae una aventura amorosa desde el otro lado. De ahí que en verano también de día se produzcan más accidentes provocados por animales salvajes con la implicación de corzos.

¿Son nuestras ciudades, pues, lugares perniciosos para la vida salvaje? ¡En absoluto! Además de las mencionadas limitaciones y peligros se dan, sin duda, grandes oportunidades, sobre todo para la diversidad de especies. Mientras allí fuera los campos y prados se ahogan y despueblan con el abono, mientras en el bosque las cosechadoras sierran un árbol detrás de otro y encima aplastan la tierra de forma irreparable, nacen entre las hileras de casas nuevos biotopos relativamente intactos. No es de extrañar que un gran número de especies haya huido de los desiertos agrarios desocupados y se haya cobijado en estos refugios, entre ellas miles de plantas. Así pues, los científicos presuponen que en las ciudades del hemisferio norte se encuentra alrededor del 50 por 100 de las especies regionales y nacionales, con lo que nuestras zonas de aglomeración se han convertido, en cierto modo, en puntos calientes de biodiversidad. ¿Por qué en un libro sobre animales insisto tanto en la diseminación de las plantas? Pues bien, las hierbas, arbustos y árboles son la base alimentaria de los animales, constituyen el punto de partida de la cadena trófica y son, por lo tanto, importantes índices de la calidad de los biotopos. Y en este sentido también en el caso de los animales hay que dar cuenta de unos resultados satisfactorios. Así, por ejemplo, en Varsovia se halla el 65 por 100 de todas las especies de aves de Polonia.

Las ciudades son espacios naturales nuevos, semejantes a una isla volcánica que se alza desnuda y yerma desde el mar con gran estrépito y luego plantas y animales la colonizan con el paso de los años. Esos biotopos jóvenes tienen en común que están sujetos a prolongados y acusados cambios, que tampoco las ciudades alcanzarán hasta pasadas muchas más décadas o incluso siglos un equilibrio estable en lo que respecta a las especies. En Berlín, Múnich o Hamburgo puedes ser, pues, testigo de una transformación constante, si bien lenta. Primero en las ciudades se establecen de forma desproporcionada muchas especies no autóctonas, porque allí, en jardines y parques, los habitantes las «abandonan»; vamos, las plantan. Sólo al cabo de muchos siglos se imponen de nuevo en el entorno cada vez más especies autóctonas. Que esto es realmente así puede observarse en EE. UU. y en Italia: mientras que en Estados Unidos el número de plantas no autóctonas disminuye de este a oeste y con ello refleja las oleadas de asentamiento de los europeos, en Roma se ha reducido a un porcentaje del 12,4 por 100 nada más. Claro que la Ciudad Eterna también tuvo para ello más de dos mil años.[79]

En los animales se observa una evolución similar. Especialmente fácil lo tienen los generalistas como el zorro, que es capaz de adaptarse a toda clase de hábitats. Aun así, parece que los animales tienen más problemas que las plantas, porque necesitan territorios más amplios y además también tienen la amenaza de felinos, otros animales domésticos y el tráfico rodado. Y de imponerse una especie particularmente dominante, como por ejemplo las palomas, entonces la imagen que tenemos de estos animales de pronto nos desagrada y en algunos lugares provoca incluso una lucha. Una evolución especialmente positiva para mí la constituye la apicultura urbana. Como, a diferencia del paisaje rural, en los cascos urbanos hay un buen surtido de fanerógamas durante todo el verano, la cantidad de colmenas y de miel producida aumenta sin parar. Eso demuestra que también para las mariposas y los abejorros ha de haber suficiente alimento. Conviene señalar que los núcleos urbanos no son el fin para los animales. Que, a pesar de todo, deberíamos tener presente la protección de los hábitats primigenios, es harina de otro costal.

79. Werner, P., y Zahner, R.: «Biologische Vielfalt und Städte: Eine Übersicht und Bibliographie», BfN-Skripten 245, Bad-Godesberg (Bonn), 2009.

Al servicio de los humanos

La mayoría de los animales utilizados por los seres humanos llevan una vida indigna. Son la infinidad de cerdos y gallinas que en la ganadería intensiva se consideran meros suministradores de materia prima. No hace falta que disertemos sobre si estos animales trabajan de buen grado para nosotros –eso seguro que puede negarse–. Pero hay ejemplos realmente bonitos de tándems hombre-animal, que da gusto ver. Esos tándems los observo a menudo en mi territorio: son los arrastradores forestales con sus caballos, que se ocupan de los troncos de árboles talados. Ahora por norma la mayoría de los árboles se talan con procesadoras, es decir, cosechadoras. No son beneficiosas para el bosque, ya que con su elevado peso aplastan la delicada tierra hasta dos metros de profundidad. Por eso en el bosque público de mi tierra natal la tala se encomienda a los obreros forestales. Acto seguido hay que arrastrar los troncos hasta los caminos, lo que en la jerga profesional se denomina «arrastre». Y como siglos atrás en Hümmel, esto lo llevan a cabo recios animales de carga. ¿Trabajan esos caballos a gusto? ¿No es tedioso arrastrar pesadas cargas todo el día hasta que el sudor se desliza por las ijadas?

Primero las cargas: para que no sea demasiado pesada, los obreros forestales parten los troncos de hasta treinta metros de largo en trozos de máximo cinco metros. No sólo pesan menos, sino que además pue-

196

den manejarse mejor entre los árboles en pie. Y ahora entran en juego los arrastradores de madera con sus caballos. Todavía no he visto a ninguno que no quiera a sus animales. Para esos hombres son colegas de trabajo, a los que no se debe exigir demasiado. Como en el cuidado de los caballos no hay hora de cierre ni fines de semana, éstos son más bien miembros de la familia incluso a los que se debe cuidar. Para la actuación en el bosque los dueños vigilan escrupulosamente para que a los animales no les pase nada. Los únicos que querrían rendir más son los propios caballos. Se ve perfectamente lo a gusto que trabajan cuando tienen que hacer un descanso. Entonces normalmente le llega el turno a un segundo caballo, para que el arrastrador consiga un rendimiento adecuado durante la jornada. El «caballo que descansa» se pasa por lo menos la primera mitad de la mañana escarbando impaciente con los cascos y nada le gustaría más que volver participar de inmediato. Asimismo los animales bien podrían negarse a trabajar, ya que generalmente sólo los llevan con una cuerda floja, que sería demasiado endeble para sujetar a los colosos que pesan toneladas, y con la delgada cuerda tampoco pueden tirar de ellos en una dirección determinada. No, esta cuerda únicamente sirve para mantener el contacto, transmite pequeñas señales para avanzar. El resto se efectúa con un ininteligible guirigay, un balbuceo que suena «jojo, hejhe, brrr». El caballo escucha atentamente si tiene que caminar hacia delante, hacia atrás, hacia un lado, si debe avanzar a toda velocidad o con cuidado.

Similares tándems hombre-animal forman los pastores con sus perros, que reciben igualmente instrucciones verbales. Y también en este caso se nota el placer de los animales trabajando, cuando corren alrededor del rebaño de ovejas y reúnen de nuevo a toda la manada.

Sobre el tema de los «animales domésticos» hay dos puntos de vista totalmente distintos. Uno es que mediante la cría hemos forzado tanto a nuestros semejantes que están perfectamente adaptados a nuestras necesidades. Lo salvaje se ha convertido en manso, lo delgado en gordo, lo grande en pequeño; sean cuales sean nuestros deseos, los animales pueden complacerlos. Las especies primigenias se transformaron, pues, en caricaturas en parte extravagantes. Pero también puede verse de otra forma muy distinta, y este «se» son en este caso los animales. Porque han logrado cambiar de modo que pudieran activar a la perfección nuestros resortes emocionales. Aquí vuelve a entrar en juego Crusty, el bulldog. El pequeño macho de nariz respingona es simpático —es inevitable acariciarlo—. ¿Quién manipula a quién aquí? Se le da pienso y agua, cuando tiene pupa se le lleva al veterinario, en invierno siempre hay un cómodo rinconcito libre junto a la estufa —el amiguito lleva una vida verdaderamente agradable—. Si aún deambulara por ahí como sus antepasados como un lobo, seguro que la cosa no sería siempre así.

En qué medida nosotros mismos nos hemos adaptado físicamente a nuestros compañeros cuadrúpedos lo pone de manifiesto el ejemplo de la tolerancia a la lactosa. Normalmente sólo los lactantes toleran la leche, puesto que las madres ponen el jugo blanco a disposición de ellos nada más. La capacidad de digerir la leche, mejor dicho, la lactosa, se pierde poco a poco con la transición a los alimentos sólidos. Se perdía, más bien; porque con la cría de animales domésticos se posibilitó que también los adultos pudieran consumir leche y queso, en este caso de vaca o cabra. Como se trataba de un alimento valioso, sobrevivieron mejor aquellas comunidades en las que la transformación genética dio lugar a que la lactosa dejara de causar problemas digestivos. Este proceso se puede verificar a partir de hace alrededor de 8000 años y aún está en pleno desarrollo, por lo que en Europa central sólo el 90 por 100 y en Asia el 10 por 100 de la población posee esta capacidad. Qué adaptaciones a los perros hemos realizado, con los que, según a qué científicos se pregunte, convivimos desde hace ya hasta 40.000 años,[80] todavía no ha sido investigado.

80. Hucklenbroich, C.: «Ziemlich alte Freunde», *FAZ Wissen*, 28-05-2016, www.faz.net/ aktuell/wissen/natur/mensch-und-haushund-ziemlich-alte-freunde-13611336.html, consultado el 19-01-2016.

Mensajes

Ya he hablado de ello: al final nunca sabremos si los animales sienten el miedo, el duelo, la alegría o la felicidad como nosotros. Que una persona sienta lo mismo que otra no tiene una explicación concluyente, como quizá tú mismo habrás constatado en el tema de la sensación de dolor. Que algunas personas son más sensibles que otras a la misma herida, puedes comprobarlo fácilmente con las ortigas: unas gritan con fuerza, mientras que otras apenas notan nada. Y, aun así, a través de nuestro lenguaje nosotros al menos podemos comunicarnos como para llegar a entender bien los sentimientos del otro, a diferencia de los animales.

¿En serio? Los informes sobre cuervos dicen literalmente lo contrario, como ya hemos visto en el ejemplo de los nombres. El saludo a los recién llegados con diversos sonidos agudos indicaba a un tiempo su estimación –mejor no cabe expresar los sentimientos–. Sin embargo, la comunicación no se compone sólo de sonidos. También en el caso de los humanos una parte considerable de la comunicación es no verbal, es decir, que hay una transmisión a través de la mímica y los gestos. En función del estudio al que uno dé crédito, el contenido textual de lo hablado tiene una relevancia de sólo el 7 por 100.[81]

---

81. http://tu-dresden.de/die_tu_dresden/fakultaeten/fakultaet_wirtschaftswissenschaften/ bwl/ marketing/lehre/lehre_pdfs/Mueller_IM_G1_Kommunikation.pdf, consultado el 16-11-2015.

¿Y en los animales? Los cuervos, al igual que nosotros, no se limitan únicamente a las emisiones de sonidos. Los científicos del equipo de Simone Pika del Instituto Max Planck de Ornitología, en Seewiesen, descubrieron que las inteligentes aves utilizan su pico como nosotros nuestras manos. Mientras que nosotros señalamos algo con el dedo o lo movemos con la mano levantada para dirigir la atención de otro hacia un objeto o nosotros mismos, los cuervos levantan las cosas con el pico. Con ello señalan en una dirección determinada o intentan despertar la atención del otro sexo. Además, con un amplio «vocabulario» fonético, así como algunas secuencias de movimientos, de coreografía nueva, logran una capacidad de expresión de enorme detalle.[82] Algo que, además, necesitan, ya que han de poner detenidamente a prueba al otro; al fin y al cabo, los cuervos luego están juntos casi toda una vida. Sin embargo, estos descubrimientos representan una ventanita a la vida emocional de las aves negras, que aún están llenas de sorpresas.

También donde vivimos, en la casa del guardabosques, había un «apuntador» así. A nuestros hijos les habían regalado una parejita de periquitos y Anton, el macho, sabía llamar la atención. Siempre que tenía hambre levantaba su comedero y volvía a tirarlo. Tenía juguetes de sobra en la jaula, pero, a todas luces, ese gesto era un deliberado aviso que decía: «¡Rellenad, por favor!».

Y de los gestos, de vuelta al lenguaje. Los perros no sólo saben ladrar, sino también emitir una serie de sonidos diversos con los que más o menos pueden expresarse. Tal vez lo hagan de manera mucho más diferenciada y sólo los entendamos a medias, como por lo menos nosotros empezamos a intuir con Maxi, nuestra münsterländer. Con los años fuimos percibiendo, en efecto, si tenía hambre, si estaba aburrida o su bebedero, vacío. E incluso nuestros caballos son por lo visto capaces de expresarse con relativos matices. A este respecto me ha sorprendido especialmente un trabajo de investigación de Suiza. Que los ani-

82. Pika, S.: «Schau Dir das an: Raben verwenden hinweisende Gesten», Informe de investigación 2012, Instituto Max Planck de Ornitología, www.mpg.de/4705021/Raben_Gesten?c=5732343&force_lang=de, consultado el 16-11-2015.

males se comunican entre sí y se dicen muchas cosas mediante el lenguaje corporal no es nuevo, como saben muchos propietarios de caballos. A diferencia de los córvidos, en el caso de las cabalgaduras justamente la comunicación no verbal se ha investigado algo más. Pero, para su sorpresa, los científicos de la Escuela Politécnica Federal de Zúrich constataron que incluso los sonidos aparentemente primarios esconden más de lo que se sabía hasta la fecha. Descubrieron que el relincho tiene dos voces y se usa para la transmisión de información compleja. La primera de las dos frecuencias básicas de un sonido indica si se trata de una emoción positiva o negativa, la segunda frecuencia, lo intensa que es la emoción.[83] En la página correspondiente de la EPF puede escucharse un ejemplo de sonido de ambas situaciones,[84] y enseguida lo comprobé por mí mismo: nuestros caballos emiten al parecer un sonido favorable en cuanto nos ven llegar. Bueno, es que casi siempre les damos de comer también, pero eso no es lo que me importa. No, ahora por fin puedo aseverar que los caballos emiten sonidos de alegría cuando me acerco a ellos, un detalle que hasta el momento sólo sospechaba. Y tras la lectura de los resultados de esta investigación los escuché con más atención para saber si hay variaciones con el paso del tiempo, es decir, si unas veces se alegran más y otras menos. A estas alturas sé que sí, que naturalmente hay tales variaciones, igual que en los humanos.

Más allá del estudio, estoy seguro de que también tienen un «relincho afectuoso». Cuando Zipy, nuestra vieja yegua, nos hace arrumacos, emite suaves sonidos agudos con la boca cerrada. Así sabemos que se encuentra bien y a gusto con nosotros, nos comunica, por lo tanto, «verbalmente» sus emociones.

Los caballos son para mí un buen ejemplo de lo poco que sabemos de la comunicación animal. Precisamente los caballos llevan ya milenios bajo el cuidado humano y por eso en principio deberían haber

---

83. Briefer, E. F., y otros: «Segregation of information about emotional arousal and valence in horse whinnies», *Scientific Reports*, n.º 4, artículo número: 9989 (2015), www.nature.com/articles/srep09989, consultado el 14-11-2015.

84. www.ethz.ch/de/news-und-veranstaltungen/eth-news/news/2015/05/wiehern-nicht-gleich-wiehern.html.

sido notablemente mejor estudiados que los animales salvajes; no obstante, que se descubran semejantes sorpresas y en tiempo tan reciente, hace que me muestre aún más prudente a la hora de juzgar las capacidades de otras especies.

El siguiente nivel de comunicación sería que no sólo descifráramos el lenguaje de los animales entre sí, sino que también pudiéramos hablar con ellos. En ese caso sería posible la indagación directa de los más diversos sentimientos –podrían ahorrarse interminables investigaciones científicas–. Cosa que ya existe, de hecho: se trata de una hembra de gorila llamada Koko, que cuenta cosas conmovedoras. Así es, las cuenta, y con el lenguaje de signos, además. Penny Paterson adiestró al por aquel entonces joven simio en el marco de su tesis doctoral en la Universidad Stanford, de California. Koko aprendió con el tiempo más de mil signos y entiende más de dos mil palabras en lengua inglesa. Con sus habilidades le destapó a la científica sus pensamientos, y por primera vez fue posible mantener conversaciones más largas con un animal. También otros monos fueron adiestrados con semejante resultado y pusieron de manifiesto que Koko no es una excepción;[85] aunque la hembra de gorila aparezca con especial asiduidad en los medios de comunicación y la citen a menudo con conmovedores episodios. Así, en cierta ocasión le regalaron una cebra de peluche y a la pregunta de qué era aquello contestó con señas: «blanco» y «tigre». Y al preguntarle por qué mueren los gorilas, enseguida hizo los signos de «problema viejos».[86] Koko solía contestar con tanta inteligencia, y combinando lo que sabía con conceptos nuevos, que realmente podía decirse que era un mono con capacidad lingüística.

Sin embargo, hay también manifiestas críticas a la Gorilla Foundation, la organización que se ha consagrado a los grandes simios y cuyo principal proyecto es la investigación del mundo de Koko. No es posible una comprobación de los resultados con investigadores externos,

---

85. www.koko.org.
86. www.sueddeutsche.de/wissen/tierforschung-die-intelligenz-bestien-1.912287-3, consultado el 28-12-2015.

del proyecto en sí apenas ha habido publicaciones. Además, las conversaciones con Koko no han sido precisamente científicas; por ejemplo, la hembra de gorila a menudo contesta de forma incorrecta, lo que los investigadores interpretan como un coqueteo del mono.[87] Tampoco puedo decirte, por desgracia, qué verdades y falsedades hay en las publicaciones, pero mi intuición me dice al menos que las habilidades de nuestros semejantes en la mayoría de los casos se subestiman considerablemente. Y que Koko de verdad hable, que sólo una parte de sus respuestas tengan sentido, para mí no es lo principal; ya que la comunicación entre humanos y animales por lo general se considera muy unilateral: el ser humano intenta enseñar a otra especie su lengua. Esa especie se tiene entonces por especialmente inteligente cuando comprende muchos términos u órdenes y probablemente es capaz de expresarse incluso con propiedad. Los periquitos, cuervos o monos como Koko encandilan cuando responden a una pregunta en nuestra lengua, además.

Si de verdad somos la especie más inteligente de este planeta –algo que presupongo–, ¿entonces por qué la ciencia no recorrió hace tiempo el camino inverso? ¿Por qué esforzarse durante años en enseñar tediosos signos a animales de laboratorio, animales cuya capacidad de aprendizaje, de acuerdo con el estado actual de la investigación, es inferior a la nuestra? ¿No sería mucho más sencillo que nosotros mismos empezásemos al fin a aprender el lenguaje animal? Tenemos para ello muchas más posibilidades hoy en día que hace incluso unos cuantos años, cuando la producción de sonidos, por ejemplo, en los caballos, no hubiese sido posible por carecer del relincho de doble tono. Hoy podría llevarlo a cabo un ordenador que traduzca nuestra petición convenientemente a las correspondientes palabras animales. Por desgracia, no conozco ningún trabajo serio en esta dirección. De hecho, hay personas capaces de imitar voces animales, por ejemplo, los gritos de diversas especies de aves. Pero el que sabe imitar a un mirlo o un

---

87. Hu, J. C.: «What Do Talking Apes Really Tell Us?», www.slate.com/articles/health_and_science/science/2014/08/koko_kanzi_and_ape_language_research_criticism_of_working_conditions_and.single.html, consultado el 28-12-2015.

carbonero, sólo es capaz de silbar «¡Ocupado!» en el lenguaje de las aves. Porque eso es precisamente lo que quiere decir el bonito canto que canturrean sendos machos desde las copas de los árboles. Lo que nos parece dulce, dentro de la especie sirve para disuadir a la competencia. Sería más o menos igual que si un papagayo pudiese decir «¡Largo!» –por desgracia, aún no hemos llegado mucho más lejos con nuestros semejantes.

¿Dónde está el alma?

Bueno, ahora vamos al grano: ¿los animales tienen también alma en términos de órgano inmaterial? Una pregunta verdaderamente complicada, que primero, por ser más fácil, quiero explorar en nosotros mismos. ¿Qué es el alma? El *Duden* da curiosamente varias definiciones, lo que pone de manifiesto que no hay una interpretación unitaria del alma. La primera variante se circunscribe a la totalidad de los sentimientos, sensaciones y pensamientos que distinguen al ser humano. La segunda variante comprende la parte insustancial de éste, que, según las ideas religiosas sigue viviendo incluso después de la muerte.[88] Y como lo último nadie puede comprobarlo, quisiera poner la primera variante en el punto de mira.

La totalidad de aquello que distingue la naturaleza animal también podría definirse a través de sus sentimientos, sensaciones y pensamientos, ¿no? Como hemos visto, es difícil negar a las demás especies sentimientos y sensaciones; sólo queda el último punto: los pensamientos. De acuerdo con la definición del *Duden* (que sólo se aplica al ser humano), el pensamiento es un requisito básico del alma. Está bien, deja que ahondemos en esta capacidad; cosa que no es nada fácil, porque también para el pensamiento hay muchas delimitaciones que son sumamente complicadas y, a pesar de todo, no reproducen las circuns-

---

88. www.duden.de/rechtschreibung/Seele#Bedeutung1, consultado el 09-09-2015.

tancias con holgura. Así pues, la Universidad Técnica de Dresden ofreció a sus alumnos, entre otras, la siguiente explicación: «Pensamiento = Proceso mental con el que se generan, transforman y combinan representaciones simbólicas o gráficas de objetos, acontecimientos o acciones». Una explicación claramente más sencilla, mencionada en el mismo contexto, resumía de manera más concisa: «El pensamiento es la resolución de problemas…».[89] Cuando menos en las especies animales cuyo comportamiento entendemos bien, el pensamiento es, pues, parte también de sus aptitudes. Cuervos que se llaman por el nombre, ratas que reflexionan sobre sus actos y los lamentan, gallos que engañan a sus gallinas y urracas que osan ser infieles: ¿quién va a negar que para todo ello tiene lugar en la mollera un proceso de resolución de problemas?

Dicho esto, quisiera volver de nuevo a la segunda definición del alma, la religiosa. Aunque sea como andar sobre el hielo, en el que no me siento seguro, aunque fe y lógica tiendan a excluirse mutuamente, quisiera hacer un alegato a favor del alma animal en términos religiosos.

El alma es el requisito básico para una vida tras la muerte, a no ser que uno crea en la resurrección del cuerpo. Y si en este sentido hay un alma humana, entonces también en los animales debe existir necesariamente una. ¿Por qué? Porque cabe preguntarse a partir de cuándo van los humanos al cielo. ¿Desde hace 2000 años? ¿Desde hace 4000 años? ¿O desde que el hombre existe? Eso serían unos 200.000 mil años. Pero ¿dónde está la separación de las formas anteriores, de nuestros antecesores? Porque el proceso no fue brusco, sino que se realizó lentamente, a lo largo de la evolución se fueron produciendo pequeños cambios de generación en generación. ¿Qué individuos dejarían, pues, de considerarse personas con alma? ¿Alguna antepasada que vivió hace 200.023 años? ¿O un hombre con armas de sílex que vivió hace 200.197 años? No, no hay una frontera nítida y por eso puede uno

---

89. Goschke, Thomas: «Kognitionspsychologie: Denken, Problemlösen, Sprache», presentación de powerpoint para la clase del segundo semestre de 2013, módulo A1: procesos cognitivos.

remontarse eternamente en esta sucesión, pasando por los antepasados más primitivos, los primates, los primeros mamíferos, los saurios, peces, plantas, bacterias. Si no hay un momento equis concreto a partir del cual puedan incorporarse los seres de la especie *Homo sapiens,* entonces tampoco hay un momento concreto en el que aparezca el alma. Y si hay una justicia suprema en términos religiosos, entonces en la cuestión de la vida eterna difícilmente se establece una frontera nítida entre dos generaciones, en la que los más ancianos queden excluidos y los más jóvenes sean admitidos. ¿No es bonita la idea de que en el cielo haya un gran tumulto de animales de todas las especies que viven entre la infinidad de seres humanos?

Sea como sea, yo personalmente no creo en la vida después de la muerte. Envidio al que lo hace, pero mi capacidad imaginativa no llega a eso. De ahí que me baste con la primera acotación científica del alma, que atribuyo gustoso a todos los animales. Es sólo que encuentro bonita la idea de que las otras especies tampoco sean meras máquinas en las que todo sucede con arreglo a unos mecanismos predeterminados y donde se generan determinadas acciones pulsando una tecla, es decir, una hormona. Ardillas, corzos o jabalíes con alma; eso es para mí lo mejor y lo que a uno le calienta el corazón cuando observa a esos animales en libertad.

Epílogo: Un paso atrás

Me gusta buscar en los animales analogías con el ser humano porque no concibo que sientan de otro modo, básicamente. La probabilidad de que esté en lo cierto es muy alta. Que a lo largo de la evolución se produjera una ruptura y todo volviera a inventarse de nuevo, hoy día se considera desmentido. Únicamente en el pensamiento hay diferencias profundas: sigue siendo lo que mejor hacemos.

Sin embargo, lo que para nosotros es tan significativo, puede que sea menos importante para nuestros semejantes, porque, de lo contrario, su desarrollo hubiese sido similar al nuestro. ¿Hace falta un pensamiento tan intenso? En todo caso, seguramente no sea necesario para una vida plena y tranquila. Cuando en vacaciones recuperamos fuerzas, solemos decir: «Estoy encantado, no tengo que pensar en absolutamente nada». También se puede sentir felicidad y alegría sin grandes cavilaciones, y ése es precisamente el quid de la cuestión: la inteligencia, de entrada, es del todo innecesaria para las emociones. Los sentimientos, como se ha puesto varias veces de relieve, dirigen los programas instintivos y son, por lo tanto, vitales para todas las especies animales y, por consiguiente, están también presentes en todas con mayor o menor intensidad. Que una especie reflexione sobre estos sentimientos, los prolongue a través de la reflexión o sea capaz de volver a evocarlos posteriormente, en principio, es secundario. Desde luego, es agradable que justo nosotros tengamos esa capacidad y podamos, por lo tanto, percibir esos instantes quizá con mayor intensidad. Pero, de hecho, eso es aplicable a pocos momentos bonitos, por lo que estamos 1-1 con el mundo animal.

¿Por qué algunos científicos, pero sobre todo políticos como los de la cartera de agricultura, siguen oponiendo tanta resistencia en lo referente a la capacidad de ser felices y de sufrimiento de nuestros semejantes? Generalmente es la ganadería intensiva lo que hay que proteger mediante económicos métodos de cría y terapéuticos, como por ejemplo la ya mencionada castración de lechones sin anestesia. O la caza, de la que cada año son víctimas cientos de miles de mamíferos grandes, así como numerosas aves, y que de este modo se queda simplemente desfasada.

Cuando se han intercambiado todos los argumentos y ha quedado realmente claro que hay que reconocerles a los animales muchas más habilidades de las que, en general, se les reconoce, suelen sacar la gran baza en el último momento: la humanización. El que compara los animales con los seres humanos, procede de manera poco científica, soñadora y quizás hasta esotérica, dice una acusación frecuente. En el fervor de la disputa se pasa por alto una perogrullada que se enseña ya en el colegio: el ser humano, desde el punto de vista puramente biológico, también es un animal y, por lo tanto, en la sucesión de las demás especies no destaca. Por eso la comparación no es tan inverosímil, y es más: sólo podemos identificarnos con las cosas que entendemos, con las que también somos capaces de empatizar. De ahí que sea lógico observar primero más detenidamente a las especies en las que se detecten emociones y procesos mentales similares a los nuestros. Con sensaciones como el hambre o la sed esta identificación es más fácil de lograr, mientras que con sentimientos como la felicidad, el duelo o la compasión a algunos se les ponen los pelos de punta. Y es que no hay que humanizar en absoluto a los animales, sino únicamente entenderlos mejor; porque estas comparaciones son sobre todo para entender que los animales no son criaturas estúpidas que se hayan quedado notablemente por debajo de nosotros desde un punto de vista evolutivo, y sólo hayan recibido apagadas versiones de nuestra rica paleta en lo relativo al dolor y demás. No, el que ha entendido que ciervos, jabalíes o cornejas tienen su propia vida perfecta y que, además, al mismo tiempo lo pasan en grande, tal vez hasta sea capaz de mostrar respeto hacia esos pequeños gorgojos que van y vienen, felices y contentos, por la fronda de los bosques viejos.

Que siga habiendo dudas del mundo emocional de los animales quizá se deba a que muchas emociones y demás procesos mentales a día de hoy ni siquiera en el ser humano son claramente definibles. A este respecto, quisiera sólo recordarte la felicidad, la gratitud o sencillamente el pensamiento –hasta ahora conceptos todos ellos de difícil acotación–. ¿Cómo vamos a entender en los animales algo que ni siquiera somos capaces de comprender bien en nosotros mismos? La ciencia pura, como hoy en día se define de acuerdo con el precepto de objetividad, puede que no siempre sirva, ya que entonces las propias emociones se quedan al margen. Pero como el ser humano funciona en gran medida a través de las emociones (*véase* el capítulo «Instintos: ¿Sentimientos inferiores?»), tenemos también las antenas correspondientes para identificar esas emociones en el otro. Y sólo porque el otro sea un animal y no un ser humano, ¿tienen que fallar esas antenas?

Evolutivamente hablando, nos hemos desarrollado en un mundo repleto de otras especies y hemos tenido que sobrevivir contra ellas y con ellas. Estar al tanto de las intenciones de lobos, osos o caballos salvajes seguramente fue tan importante como la lectura de rostros humanos desconocidos. Seguro que nuestro olfato también puede engañarnos leyendo demasiado entre líneas las acciones de perros o gatos. Pero en la mayoría de los casos con la intuición acertamos –estoy plenamente convencido de ello–. Los descubrimientos actuales de la ciencia no son una verdadera sorpresa en este sentido para los amantes de los animales, sino que sólo dan un poco más de tranquilidad a la hora de fiarse de los propios sentimientos con respecto a los animales.

Sobre el rechazo a demasiadas emociones reconocidas tengo la ligera sensación de que siempre rezuma también un poco de miedo de que el ser humano pudiera perder su privilegiado estatus. Y lo que es aún peor: el empleo de animales se complicaría considerablemente si en cada comida o cada chaqueta de cuero los escrúpulos morales aguaran la fiesta. Si pensamos en los sensibles cerdos, que enseñan a su descendencia para que luego asista incluso al parto de las propias crías, atienden por el nombre y superan la prueba del espejo, se estremece uno un poco en vista de los cerca de los 250 millones de sacrificios de todo EE. UU. únicamente de esta especie animal.[90]

Y la cosa no se limita a los animales. Como la ciencia sabe a estas alturas y tal vez hayas leído tú también, ahora se certifican sentimientos y hasta memoria incluso en árboles y otras plantas. ¿Cómo vamos a alimentarnos con ética intachable, si podemos compadecernos justificadamente hasta de la verdura? Tranquilo, no estoy exhortando a un desayuno frugal y una cena con repugnancia; nuestra posición en el mundo biológico conlleva, como la de muchas otras especies, el derecho a aprovecharse de otros seres y también a comerlos, ya que no podemos llevar a cabo fotosíntesis alguna.

Mi deseo es, más bien, que llegue un poco más de respeto en nuestra relación con el mundo común animado, sean animales o también plantas. Eso no tiene por qué implicar la renuncia de un aprovechamiento, pero sí ciertas limitaciones a nuestro confort y también la cantidad de bienes biológicos que consumimos. Sin embargo, si el conjunto es recompensado con caballos, cabras, gallinas y cerdos más felices, si a cambio podemos observar ciervos, martas o cuervos satisfechos, si a estos últimos incluso algún día llegamos a escucharlos llamarse por sus nombres, entonces en nuestro sistema nervioso central se liberarán hormonas que irradiarán una sensación contra la que no podrás resistirte: ¡felicidad!

---

90. www.agrarheute.com/news/eu-ranking-diese-laender-schlachten-meisten-schweine, consultado el 23-12-2015.

Índice